3D One Plus

实用教程

沈志宏　王国庆◎编著

U0212619

人民邮电出版社

北京

图书在版编目（CIP）数据

3D One Plus实用教程 / 沈志宏，王国庆编著. --
北京：人民邮电出版社，2022.12
ISBN 978-7-115-59543-0

Ⅰ．①3… Ⅱ．①沈… ②王… Ⅲ．①快速成型技术－
计算机辅助设计－应用软件－教材 Ⅳ．①TB4-39

中国版本图书馆CIP数据核字(2022)第105956号

内 容 提 要

为了让读者系统、快速地掌握 3D One Plus，本书系统地讲解使用 3D One Plus 绘制三维模型的方法和实现创意设计的技巧。先介绍软件的基本操作，然后对复杂功能进行介绍，最后对重难点功能进行介绍，如雕刻、工程图等，本书的内容编排充分考虑初学者的学习特点，由浅入深、循序渐进，重点讲解常用命令及具体操作等方面的内容。

本书共 15 章，内容主要包括 3D One Plus 的基础知识、基本实体操作、草图绘制与编辑、空间曲线描绘、曲面操作、特征造型操作、特殊功能操作、基本编辑操作、插入基准面操作、组合功能、距离测量操作、装配操作、工程图操作、三视图操作、DA 工具条等。

本书内容层次清晰、实用性强，可作为人力资源和社会保障部职业技能鉴定中心组织的全国计算机信息高新技术考试"3D 打印造型师"的参考书，也可作为 3D 创意设计爱好者的自学教程。

◆ 编　著　沈志宏　王国庆
　　责任编辑　李永涛
　　责任印制　王　郁　胡　南

◆ 人民邮电出版社出版发行　　北京市丰台区成寿寺路 11 号
　　邮编　100164　　电子邮件　315@ptpress.com.cn
　　网址　https://www.ptpress.com.cn
　　北京隆昌伟业印刷有限公司印刷

◆ 开本：787×1092　1/16
　　印张：14.5　　　　　　　　　2022 年 12 月第 1 版
　　字数：367 千字　　　　　　　2022 年 12 月北京第 1 次印刷

定价：69.90 元

读者服务热线：(010)81055410　印装质量热线：(010)81055316
反盗版热线：(010)81055315
广告经营许可证：京东市监广登字 20170147 号

前言

    3D One Plus 是中望公司依托自主三维 CAD 核心技术，专门针对青少年研发的三维创意设计软件。与 3D One 相比，它增加了更多强大的专业功能，旨在开拓青少年数字建模思维，增强青少年的创新能力，为其营造更贴近岗位需求、就业要求的教学环境。

    3D One Plus 为用户提供了广阔的创造空间，多种的曲面设计与建模方式让设计更有型；特别的机械装配与动画制作让作品更灵动；独特的三视图辅助教学可让学习者的识图、绘图能力得到提升。

    新时代的青少年拥有无限的创造力，有着各种各样的奇思妙想，喜欢问各种问题。中望 3D One Plus 为青少年提供了一个展现创造力的平台，在这里他们可以让自己的创意转变为现实。

    本书采用 3D One Plus V2.43，请读者选择对应的软件进行学习和操作。如果使用高版本或低版本的软件进行学习，在学习的过程中可能会出现差异，敬请各位读者见谅。本书几乎涵盖软件的所有功能，深入浅出，知识点讲解清晰、操作示范到位、配图精准，为广大读者提供轻松、易学的学习模式，启发创意思维，培养创新素养。

    本书由沈志宏主笔，参与编写的人还有王国庆、徐莉莎、陈豪。感谢所有在本书编写过程中给予帮助的朋友，特别是中望公司的谢琼和林壁贵，感谢他们在百忙之中为本书的编写答疑解惑。

    由于编者的水平有限，书中难免存在一些不足，敬请广大读者批评指正。

编者
2022.4

目录

第1章

3D One Plus 的基础知识

【学习目标】

- 能够成功安装 3D One Plus。
- 了解 3D One Plus 的用户界面及基本操作。
- 掌握 3D One Plus 主菜单的功能。
- 掌握 3D One Plus 中的鼠标操作。

1.1　3D One Plus 的安装

　　3D One Plus 是 3D One 的进阶版，是可以实现 360°建模的高级定制软件，具有强大、优秀的曲面造型和修补功能，旨在开拓青少年建模思维。它内嵌智能装配、动画效果与工程图制作等，可以让青少年创客们获得更多 3D 新体验。

　　本节将介绍 3D One Plus 的详细安装过程。

　　用鼠标右键单击计算机桌面上的【我的电脑】或【计算机】图标，在弹出的菜单中选择【属性】命令，在弹出的窗口中查看计算机的操作系统类型，如图 1-1 所示。

　　打开 3D One 官方网站，进入软件下载页面。如果计算机安装的是 64 位操作系统，则下载 64 位类型的 3D One Plus 安装文件；如果计算机安装的是 32 位操作系统，则下载 32 位类型的 3D One Plus 安装文件，如图 1-2 所示。本书以 64 位类型的 3D One Plus 为例进行介绍。

图 1-1

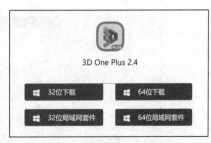

图 1-2

　　双击下载好的安装文件，会弹出一个对话框，单击【立即安装】按钮可以进行默认安装，如图 1-3 所示。也可以单击【自定义安装】按钮，选择安装路径后进行安装，如图 1-4 所示。

图 1-3　　　　　　　　　　　　　　　　　图 1-4

在安装软件的过程中，对话框中会显示安装进度，如图 1-5 所示。

软件安装完成后，在弹出的对话框中单击【立即体验】按钮即可打开 3D One Plus，也可以单击【关闭】按钮关闭对话框，如图 1-6 所示。

图 1-5　　　　　　　　　　　　　　　　　图 1-6

1.2　3D One Plus 的用户界面及基本操作

1.2.1　用户界面

双击计算机桌面上的【中望 3D One Plus (x64)】图标，打开 3D One Plus。在出现的小窗口中，简要介绍了软件中各类工具的使用方法，如图 1-7 所示。单击该小窗口右上角的【关闭】按钮，进入 3D One Plus 的用户界面。

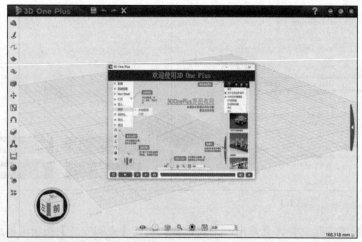

图 1-7

　　3D One Plus 的用户界面非常友好，包括主菜单、命令工具栏、浮动工具栏、视图导航器、资源库、帮助/授权菜单、平面网格等，如图 1-8 所示。命令工具栏非常重要，建模过程中使用的大部分工具都在命令工具栏中；用户界面下方的浮动工具栏包括【显示/隐藏】等辅助建模工具；用户界面中间的蓝色平面网格是工作台，三维建模就是在工作台中完成的。

图 1-8

1.2.2　鼠标操作

　　在使用 3D One Plus 建模时，鼠标很重要，其左键、右键和滚轮（中键）都有相应的功能，如图 1-9 所示。

（1）左键

- 在对象上单击鼠标左键可以选中对象。
- 在对象上按住鼠标左键并拖动，可以移动对象。
- 在空白处按住鼠标左键并拖动，可以框选对象。
- 使用【Ctrl】键和鼠标左键可以选择多个对象。
- 使用【Shift】键和鼠标左键可以链选多个对象。
- 使用【Alt】键和鼠标左键可以链选第 2 个合法对象。

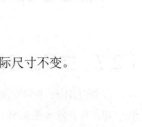

图 1-9

（2）右键

按住鼠标右键并拖动，可以自由转换视角。

（3）滚轮（中键）

- 滚动鼠标滚轮可以放大、缩小平面网格和对象，但它们的实际尺寸不变。
- 按住鼠标滚轮并拖动，可以平移平面网格。

1.2.3　视图切换

　　在进行 3D 建模时经常要进行视图切换，以方便模型的设计。视图导航器共有 26 个面，按住鼠标右键并拖动或单击视图导航器中不同的面都能实现从不同角度观察对象。单击视图导航器左边的 图标可以回到默认视图，如图 1-10 所示。

- 按【Ctrl+Home】组合键可以摆正选择的面。
- 使用方向键可以逐步调整视图方向。

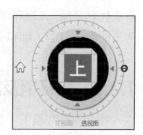

图 1-10

1.2.4　选择对象

在 3D One Plus 中，选择对象主要是依靠鼠标来实现的。

- 单击可以选中对象。
- 在对象上按住鼠标左键并拖动，可以移动对象。
- 在空白处按住鼠标左键并拖动，可以框选对象。
- 使用【Ctrl】+左键可以选择多个对象。
- 使用【Shift】+左键可以链选多个对象。
- 使用【Alt】+左键可以链选第 2 个合法对象。

1.2.5　删除对象

在 3D One Plus 中，删除对象的方法如下。

- 使用鼠标选中对象，按【Delete】键进行删除。
- 使用鼠标选中对象，按【Backspace】键进行删除。
- 使用鼠标选中对象，单击快捷菜单栏上的【删除】
  按钮进行删除，如图 1-11 所示。

图 1-11

1.2.6　撤销和重做

（1）撤销

- 单击快捷菜单栏上的【撤销】按钮可以撤销动作，如图 1-12 所示。
- 按【Ctrl+Z】组合键可以撤销动作。

（2）重做

- 单击快捷菜单栏上的【重做】按钮可以重做动作，如图 1-13 所示。
- 按【Ctrl+Y】组合键可以重做动作。

图 1-12　　　　　　　　　　　　　　　　　图 1-13

1.2.7　空间坐标系

了解工作台中的空间坐标系可以快速熟系 3D One Plus 的三维空间。3 个方向箭头分别表示三维空间的左右、前后和上下维度。

绿色方向箭头代表 X 轴，红色方向箭头代表 Y 轴，黄色方向箭头代表 Z 轴；X 轴和 Y 轴所在的平面为 XY 面，X 轴和 Z 轴所在的平面为 XZ 面，Y 轴和 Z 轴所在的平面为 YZ 面，如图 1-14 所示。

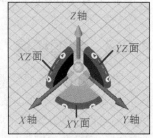

图 1-14

1.2.8　坐标值及其单位

在非草图环境下，界面中会显示当前鼠标指针相对于世界坐标的坐标值和单位信息；若在草图环境下，则显示鼠标指针相对于当前草图原点的坐标值。

坐标值的单位有毫米（mm）、厘米（cm）、英寸（in，1 英寸≈2.54 厘米），如图 1-15 所示。

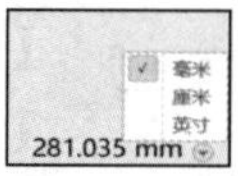

图 1-15

1.2.9　帮助/授权菜单

3D One Plus 的帮助/授权菜单提供了【帮助】【打开"边学边用"课件】【"边学边用"编辑器】【许可管理器】【设置】【样式】【关于】等命令，如图 1-16 所示。

图 1-16

- 【帮助】命令提供了【快速提示】（见图 1-17）和【边学边用功能介绍】（见图 1-18）两个功能。

图 1-17

图 1-18

- 【打开"边学边用"课件】命令用于打开"边学边用"课件。
- 【"边学边用"编辑器】命令用于制作和修改"边学边用"课件，如图 1-19 所示。

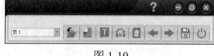

图 1-19

- 【许可管理器】命令提供了软件的激活和激活码的返还功能，如图 1-20 所示。
- 【设置】命令用于打开"设置"对话框，其中提供了【自动备份设置】【更新设置】【3D One 客户体验改进计划】等功能，如图 1-21 所示。

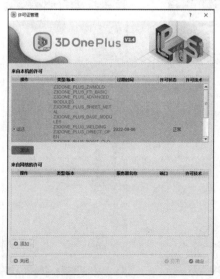

图 1-20

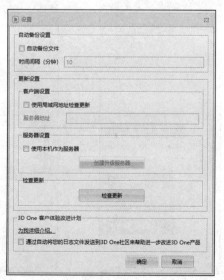

图 1-21

- 【样式】命令提供了【经典界面】和【专业界面】两种界面样式，如图 1-22 所示。
- 【关于】命令用于查看软件版权及许可证协议等，如图 1-23 所示。

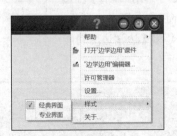

图 1-22

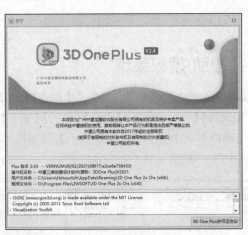

图 1-23

1.2.10　在线资源库

3D One Plus 的在线资源库提供了【社区】【场景管理】【电子件管理】3 个选项。

- 【社区】选项为用户提供了进入在线社区的功能，用户可使用青少年三维创意社区的账号登录，如图 1-24 所示。登录之后可使用【一键储存作品】功能将作品保存到社区云盘中、使用【云盘】功能访问自己云盘的作品、使用【作品】功能浏览社区中其他成员的作品、使用【任务】功能查看自己的任务、使用【课程】功能观看社区中优秀的教学课程等，如图 1-25 所示。
- 【场景管理】选项提供了多种【贴图】【材质】【场景】。
- 【电子件管理】选项提供了市场上常见的开源硬件品牌的电子件，用户使用青少年三维创意社区的账号登录后，即可在线管理这些电子件，如图 1-26 所示。

图 1-24

图 1-25

图 1-26

1.3　3D One Plus 的主菜单

　　3D One Plus 的主菜单包含【新建】【新建装配】【新建工程图】【打开】【导入】【导入 Obj】【本地磁盘】【另存为】【导出】【退出】10 个命令，如图 1-27 所示。

- 【新建】命令用于新建项目。
- 【新建装配】命令用于新建装配项目。
- 【新建工程图】命令用于新建工程图项目。
- 【打开】命令用于打开本地磁盘中的项目，默认文件类型是 Z1 File，如图 1-28 所示。

图 1-27

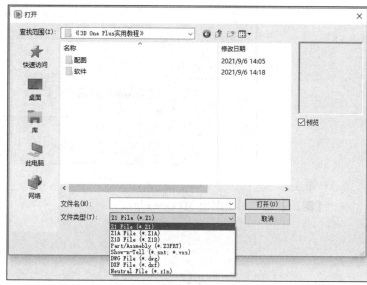

图 1-28

- 【导入】命令用于导入第三方模型文件，文件类型可以为 DWG File、DXF File、IGES File、Image Files、PNG Image File、Neutral File、Parasolid File、STEP Files 和 STL File，如图 1-29 所示。
- 【导入 Obj】命令用于导入 Obj 模型文件，文件类型可以为 Obj Files、Stl Files、All Files，如图 1-30 所示。

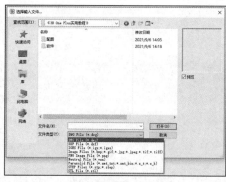

图 1-29

图 1-30

- 【本地磁盘】命令用于将模型保存到本地磁盘中。
- 【另存为】命令用于把模型保存为另一个文件，默认文件类型是 Z1 File。

- 【导出】命令用于导出模型文件，保存类型可以为 Additive Manufacturing Format、IGES File、STEP Files、DWG/DXF File、OBJ File、STL File、3D Manufacturing Format、Neutral File、Bitmap File、JPEG Image File、PNG Image File、TIFF Image File 和 PDF File，如图 1-31 所示。

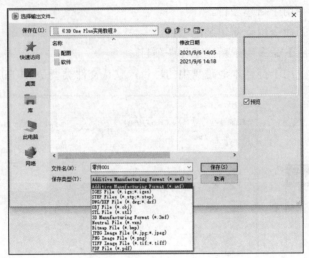

图 1-31

- 【退出】命令用于退出 3D One Plus。

第 *2* 章

基本实体操作

【学习目标】
- 了解 3D One Plus 中基本实体的功能。
- 掌握 3D One Plus 中基本实体命令的使用方法。

基本实体是 3D One Plus 为用户提供的一种人性化工具。3D One Plus 中与基本实体相关的命令主要包括【六面体】■、【球体】●、【圆环体】◎、【圆柱体】▮、【圆锥体】▲、【椭球体】◢。这些命令的操作方法简单，通过鼠标就可以完成。命令中的【点】【中心】【中心点 C】是指基本实体在工作台的平面网格中的坐标点。

2.1 六面体

在 3D One Plus 的用户界面中，将鼠标指针移动到命令工具栏中的【基本实体】命令◢上，在其子菜单中选择【六面体】命令■。【六面体】命令■通过 3 个点来定义一个实体，即底面中心点、长宽角点和高度角点，可直接在平面网格中创建正方体或长方体。

六面体造型和尺寸的设置可分为粗略设置和精确设置。

- 粗略设置指通过鼠标拖动智能手柄实现六面体造型和尺寸的修改，如图 2-1 所示。
- 精确设置指直接修改智能手柄间的数值实现六面体造型和尺寸的修改，如图 2-2 所示。

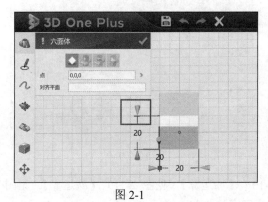

图 2-1

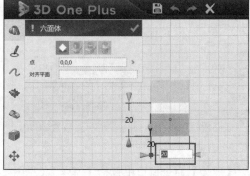

图 2-2

【六面体】命令窗口中包括【基体】（见图 2-3）、【加运算】（见图 2-4）、【减运算】（见图 2-5）、【交运算】（见图 2-6）4 种运算，默认使用【基体】运算。

- 【点】是指六面体在工作台平面网格中的坐标点。单击平面网格可确定六面体的坐标，也可以直接在【六面体】命令窗口中输入坐标值，确定坐标后如需更改，可单击坐标输入框，在其中重新输入坐标值。

- 【对齐平面】可改变六面体相对于某个对象的方向。

单击【确定】按钮完成六面体的制作，如图2-7所示。

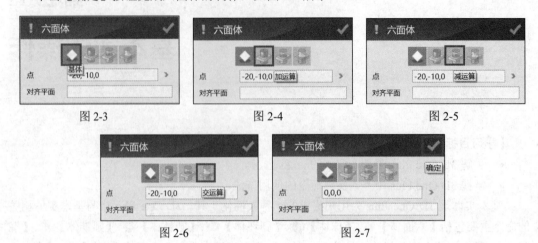

图2-3　　　　　　　　　　图2-4　　　　　　　　　　图2-5

图2-6　　　　　　　　　　图2-7

2.2 球体

在3D One Plus用户界面中，将鼠标指针移动到命令工具栏中的【基本实体】命令 上，在其子菜单中选择【球体】命令 。【球体】命令 通过球心和半径来定义一个球体，可直接在平面网格中创建球体。

球体造型和尺寸的设置可分为粗略设置和精确设置。

- 粗略设置指通过鼠标拖动智能手柄实现球体造型和尺寸的修改，如图2-8所示。
- 精确设置指直接修改智能手柄间的数值实现球体造型和尺寸的修改，如图2-9所示。

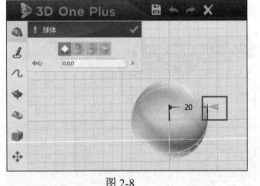
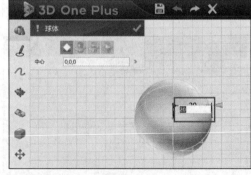

图2-8　　　　　　　　　　　　图2-9

【球体】命令窗口中包括【基体】（见图2-10）、【加运算】（见图2-11）、【减运算】（见图2-12）、【交运算】（见图2-13）4种运算，默认使用【基体】运算。

- 【中心】是指球体在工作台的平面网格中的坐标点。单击平面网格可确定球体的坐标，也可以直接在【球体】命令窗口中输入坐标值，确定坐标后如需更改，可单击坐标输入框，在其中重新输入坐标值。

单击【确定】按钮完成球体的制作，如图2-14所示。

图 2-10

图 2-11

图 2-12

图 2-13

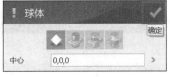
图 2-14

2.3 圆环体

在 3D One Plus 用户界面中，将鼠标指针移动到命令工具栏中的【基本实体】命令 上，在其子菜单中选择【圆环体】命令 。【圆环体】命令 通过半径和环径来定义一个圆环体。修改圆环体的半径可调整圆环体的大小，修改圆环体的环径可调整圆环体的环宽，可直接在平面网格中创建圆环体。

圆环体造型和尺寸的设置可分为粗略设置和精确设置。

- 粗略设置指通过鼠标拖动智能手柄实现圆环体造型和尺寸的修改，如图 2-15 所示。
- 精确设置指直接修改智能手柄间的数值实现圆环体造型和尺寸的修改，如图 2-16 所示。

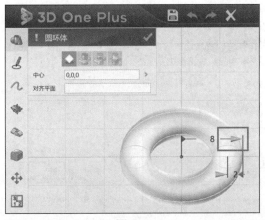

图 2-15

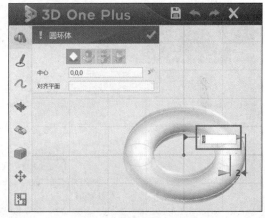
图 2-16

【圆环体】命令窗口中包括【基体】（见图 2-17）、【加运算】（见图 2-18）、【减运算】（见图 2-19）、【交运算】（见图 2-20）4 种运算，默认使用【基体】运算。

- 【中心】是指圆环体在工作台的平面网格中的坐标点。单击平面网格可确定圆环体的坐标，也可以直接在【圆环体】命令窗口中输入坐标值，确定坐标后如需更改，可单击坐标输入框，在其中重新输入坐标值。
- 【对齐平面】可改变圆环体相对于某个对象的方向。

单击【确定】按钮完成圆环体的制作，如图 2-21 所示。

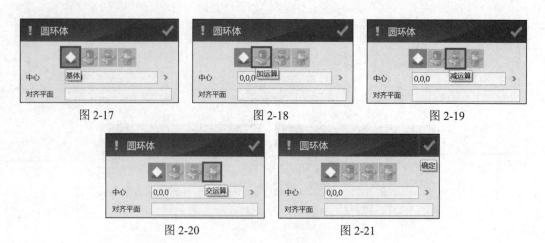

图 2-17　　　　　　　　图 2-18　　　　　　　　图 2-19

图 2-20　　　　　　　　　　图 2-21

2.4　圆柱体

　　在 3D One Plus 用户界面中，将鼠标指针移动到命令工具栏中的【基本实体】命令⬤上，在其子菜单中选择【圆柱体】命令🎛。【圆柱体】命令🎛通过底面中心点、半径和高来定义一个圆柱体。修改圆柱体的半径可调整圆柱体的大小，修改圆柱体的高可调整圆柱体的高度，可直接在平面网格中创建圆柱体。

　　圆柱体造型和尺寸的设置可分为粗略设置和精确设置。

- 粗略设置指通过鼠标拖动智能手柄实现圆柱体造型和尺寸的修改，如图 2-22 所示。
- 精确设置指直接修改智能手柄间的数值实现圆柱体造型和尺寸的修改，如图 2-23 所示。

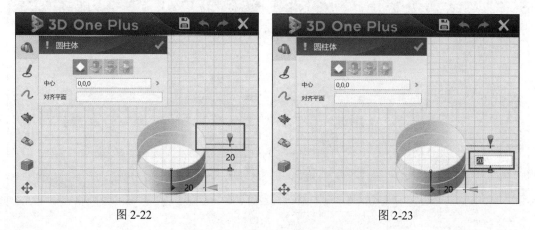

图 2-22　　　　　　　　　　　图 2-23

　　【圆柱体】命令窗口中包括【基体】（见图 2-24）、【加运算】（见图 2-25）、【减运算】（见图 2-26）、【交运算】（见图 2-27）4 种运算，默认使用【基体】运算。

- 【中心】是指圆柱体在工作台的平面网格中的坐标点。单击平面网格可确定圆柱体的坐标，也可以直接在【圆柱体】命令窗口中输入坐标值，确定坐标后如需更改，可单击坐标输入框，在其中重新输入坐标值。
- 【对齐平面】可改变圆柱体相对于某个对象的方向。

　　单击【确定】按钮完成圆柱体的制作，如图 2-28 所示。

图 2-24　　　　　　　　　　图 2-25　　　　　　　　　　图 2-26

图 2-27　　　　　　　　　　　　图 2-28

2.5　圆锥体

在 3D One Plus 用户界面中，将鼠标指针移动到命令工具栏中的【基本实体】命令🐢上，在其子菜单中选择【圆锥体】命令🔺。【圆锥体】命令🔺通过底面中心点、底面半径、顶面半径和高来定义一个圆锥体或圆台。修改底面半径和顶面半径可调整圆锥体或圆台的大小，修改高可调整圆锥体或圆台的高度，可直接在平面网格中创建圆锥体或圆台。

圆锥体或圆台造型和尺寸的设置可分为粗略设置和精确设置。

- 粗略设置指通过鼠标拖动智能手柄实现圆锥体或圆台造型和尺寸的修改，如图 2-29 所示。
- 精确设置指直接修改智能手柄间的数值实现圆锥体或圆台造型和尺寸的修改，如图 2-30 所示。

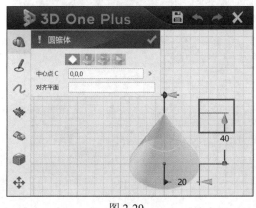　　　　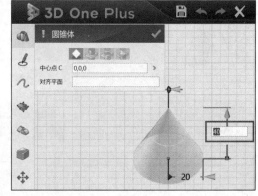

图 2-29　　　　　　　　　　　　　图 2-30

【圆锥体】命令窗口中包括【基体】（见图 2-31）、【加运算】（见图 2-32）、【减运算】（见图 2-33）、【交运算】（见图 2-34）4 种运算，默认使用【基体】运算。

- 【中心点 C】是指圆锥体或圆台在工作台的平面网格中的坐标点。单击平面网格可确定圆锥体或圆台的坐标，也可以直接在【圆锥体】命令窗口中输入坐标值，确定坐标后如需更改，可单击坐标输入框，在其中重新输入坐标值。
- 【对齐平面】可改变圆锥体或圆台相对于某个对象的方向。

单击【确定】按钮完成圆锥体或圆台的制作，如图 2-35 所示。

图 2-31   图 2-32   图 2-33

图 2-34   图 2-35

2.6 椭球体

在 3D One Plus 用户界面中，将鼠标移动到命令工具栏中的【基本实体】命令 上，在其子菜单中选择【椭球体】命令 。【椭球体】命令 通过中心点和在 X 轴、Y 轴、Z 轴方向上的长度来定义一个椭球体。修改 X 轴、Y 轴、Z 轴方向上的长度可调整椭球体的大小，可直接在平面网格中创建椭球体。

椭球体造型和尺寸的设置可分为粗略设置和精确设置。

- 粗略设置指通过鼠标拖动智能手柄实现椭球体造型和尺寸的修改，如图 2-36 所示。
- 精确设置指直接修改智能手柄间的数值实现椭球体造型和尺寸的修改，如图 2-37 所示。

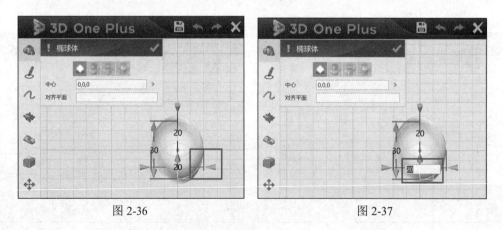

图 2-36   图 2-37

【椭球体】命令窗口中包括【基体】（见图 2-38）、【加运算】（见图 2-39）、【减运算】（见图 2-40）、【交运算】（见图 2-41）4 种运算，默认使用【基体】运算。

- 【中心】是指椭球体在工作台的平面网格中的坐标点。单击平面网格可确定椭球体的坐标，也可以直接在【椭球体】命令窗口中输入坐标值，确定坐标后如需更改，可单击坐标输入框，在其中重新输入椭球体坐标值。
- 【对齐平面】可改变椭球体相对于某个对象的方向。

单击【确定】按钮完成椭球体的制作，如图 2-42 所示。

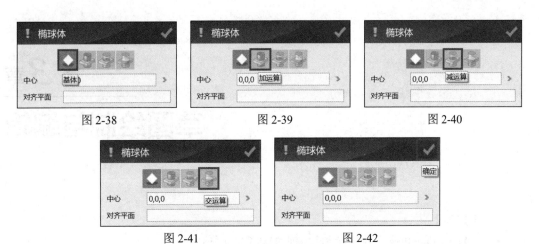

图 2-38   图 2-39   图 2-40

图 2-41   图 2-42

第 *3* 章

草图绘制与编辑

【学习目标】

- 了解 3D One Plus 中草图绘制与编辑的功能。
- 掌握 3D One Plus 中草图绘制与编辑相关命令的使用方法。
- 能够利用【草图绘制】命令 ✍ 绘制简单的平面图形。
- 能够利用【草图编辑】命令 ▢ 修改、编辑草图。

3D One Plus 的草图绘制界面并不是严格意义上的三维界面，只有 XY 平面，没有 XZ 平面和 YZ 平面，在绘制草图时，直接在工作台的平面网格中创建草图即可。

3.1 矩形

在 3D One Plus 用户界面中，将鼠标指针移动到命令工具栏中的【草图绘制】命令 ✍ 上，在其子菜单中选择【矩形】命令 ▢，可以快速绘制一个矩形草图。

矩形尺寸的设置可分为粗略设置和精确设置。

- 粗略设置指通过鼠标拖动智能手柄实现矩形尺寸的修改，如图 3-1 所示。
- 精确设置指直接修改智能手柄间的数值实现矩形尺寸的修改，如图 3-2 所示。

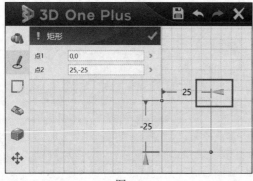

图 3-1

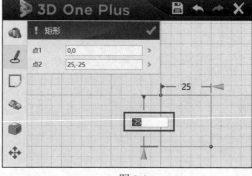

图 3-2

- 【点 1】【点 2】是矩形在工作台的平面网格中的两个坐标点。单击平面网格可确定【点 1】的值，随后移动鼠标指针到指定位置并单击即可确定【点 2】的值，也可以直接在【矩形】命令窗口中输入【点 1】【点 2】的值。确定坐标后如需更改，可单击【点 1】【点 2】坐标输入框，在其中输入新的坐标值。

单击【确定】按钮完成矩形的制作，如图 3-3 所示。

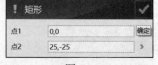

图 3-3

3.2 圆形

在 3D One Plus 用户界面中，将鼠标指针移动到命令工具栏中的【草图绘制】命令 ✏ 上，在其子菜单中选择【圆形】命令 ○，可以快速绘制一个圆形草图。

圆形尺寸的设置可分为粗略设置和精确设置。

- 粗略设置指通过鼠标拖动智能手柄实现圆形尺寸的修改，如图 3-4 所示。
- 精确设置指直接修改智能手柄间的数值实现圆形尺寸的修改，如图 3-5 所示。

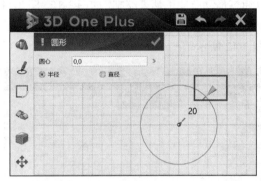
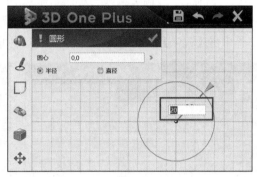

图 3-4　　　　　　　　　　　　　　　　　　　图 3-5

- 【圆心】是圆形中心在工作台的平面网格中的坐标点。单击平面网格可确定圆形的圆心坐标，也可以直接在【圆形】命令窗口中输入坐标值。确定坐标后如需更改，可单击【圆心】坐标输入框，在其中输入新的圆心坐标。单击【确定】按钮完成圆形的制作，如图 3-6 所示。

图 3-6

3.3 椭圆形

在 3D One Plus 用户界面中，将鼠标指针移动到命令工具栏中的【草图绘制】命令 ✏ 上，在其子菜单中选择【椭圆形】命令 ○，可以快速绘制一个椭圆形草图。

椭圆形尺寸的设置可分为粗略设置和精确设置。

- 粗略设置指通过鼠标拖动智能手柄实现椭圆形长轴、短轴长度的修改，如图 3-7 所示。
- 精确设置指直接修改智能手柄间的数值实现椭圆形长轴、短轴长度的修改，如图 3-8 所示。

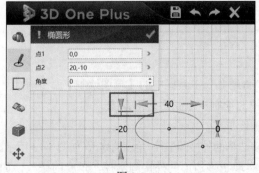
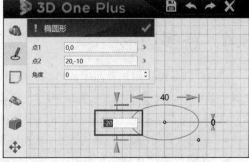

图 3-7　　　　　　　　　　　　　　　　　　　图 3-8

- 【点 1】【点 2】是椭圆形在工作台的平面网格中的两个坐标点，【点 1】即椭圆形的中心坐标。单击平面网格可确定【点 1】的值，随后移动鼠标指针到指定位置并单击即可确定【点 2】的值，也可以直接在【椭圆形】命令窗口中输入【点 1】【点 2】的值。确定坐标后如需更改，可单击【点 1】【点 2】坐标输入框，在其中输入新的坐标值。
- 【角度】是指椭圆形横轴与水平线之间的角度，可以改变椭圆形在工作台的平面网格中的角度，如图 3-9 所示。
- 椭圆圆弧是指相交于椭圆中心的两条直线形成的夹角所对应的弧线。正常绘制草图的时候，一段椭圆圆弧是无法绘制的，可以通过拖动智能手柄来绘制，如图 3-10、图 3-11 所示。

单击【确定】按钮完成椭圆形的制作，如图 3-12 所示。

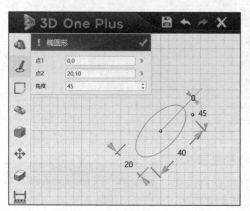

图 3-9

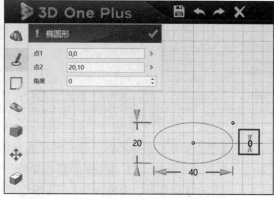

图 3-10

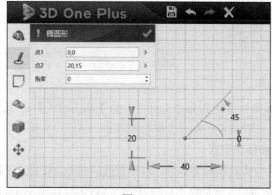

图 3-11

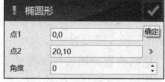

图 3-12

3.4 正多边形

在 3D One Plus 用户界面中，将鼠标指针移动到命令工具栏中的【草图绘制】命令 ✍ 上，在其子菜单中选择【正多边形】命令 ⬡，可以快速绘制一个正多边形草图。

正多边形尺寸的设置可分为粗略设置和精确设置。

- 粗略设置指通过鼠标拖动智能手柄实现正多边形的外接圆半径、角度的修改，如图 3-13 所示。
- 精确设置指直接修改智能手柄间的数值实现正多边形的外接圆半径、角度的修改，如图 3-14 所示。

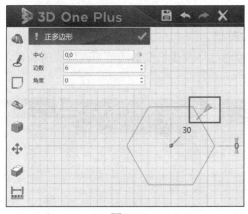
图 3-13

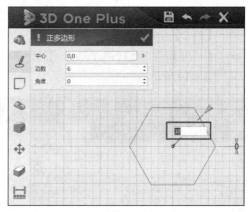
图 3-14

- 【中心】是正多边形在工作台的平面网格中的外接圆的圆心坐标点。单击平面网格可确定【中心】的值，也可以直接在【正多边形】命令窗口中输入【中心】的值。确定坐标后如需更改，可单击坐标输入框，在其中输入新的坐标值。
- 【边数】是指正多边形的边数，通过修改此参数的值可以获得多种正多边形，例如正五边形，如图 3-15 所示。
- 【角度】是指正多边形某顶点与水平线之间的角度，可以改变正多边形在工作台平面网格中的角度，如图 3-16 所示。

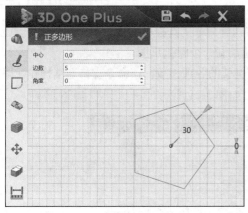
图 3-15

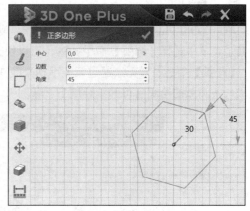
图 3-16

单击【确定】按钮完成正多边形的制作，如图 3-17 所示。

图 3-17

3.5　直线

在 3D One Plus 用户界面中，将鼠标指针移动到命令工具栏中的【草图绘制】命令 ⬚ 上，在其子菜单中选择【直线】命令 ⬚，可以快速绘制一个直线草图。

【直线】命令 ⬚ 无法通过智能手柄来改变直线的各项参数，该命令支持连续操作，即在完成一条直线的绘制后可继续绘制下一条直线，如图 3-18 所示。

- 【点 1】【点 2】是线段两个端点在工作台平面网格中的坐标。单击平面网格可确定【点1】的值，随后移动鼠标指针到指定位置并单击即可确定【点 2】的值，也可以直接在

【直线】命令窗口中输入【点 1】【点 2】的值。确定坐标后如需更改，可单击【点 1】
【点 2】坐标输入框，在其中输入新的坐标值。

- 【长度】是指线段两个端点间的距离，可通过修改【长度】的值更改线段的长度，如
图 3-19 所示。

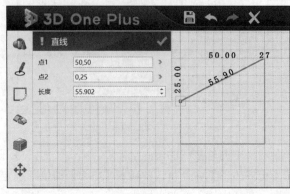

图 3-18

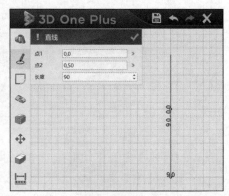

图 3-19

单击【确定】按钮完成直线的制作，如图 3-20 所示。

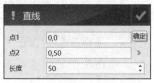

图 3-20

3.6 圆弧

在 3D One Plus 用户界面中，将鼠标指针移动到命令工具栏中的【草图绘制】命令 ✍ 上，
在其子菜单中选择【圆弧】命令 ⌒，可以快速绘制一个圆弧草图。

【圆弧】命令 ⌒ 无法通过智能手柄来改变圆弧的各项参数，该命令支持连续操作，即在
完成一条圆弧的绘制后可继续绘制下一条圆弧，如图 3-21 所示。

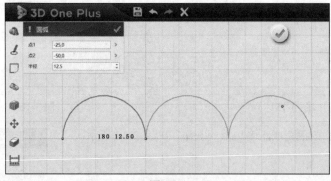

图 3-21

- 【点 1】【点 2】是圆弧两个端点在工作台平面网格中的坐标。单击平面网格可确定【点
1】的值，随后移动鼠标指针到指定位置并单击即可确定【点 2】的值，也可以直接在
【圆弧】命令窗口中输入【点 1】【点 2】的值。确定坐标后如需更改，可单击【点 1】
【点 2】坐标输入框，在其中输入新的坐标值。
- 【半径】是指圆弧所在圆形的半径，在确定【点 1】【点 2】的值后，可通过修改【半
径】的值更改圆弧的弧度，如图 3-22 所示。

单击【确定】按钮完成圆弧的制作，如图 3-23 所示。

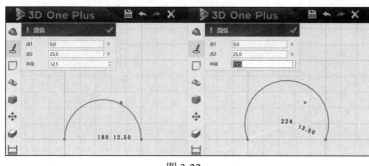

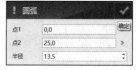

图 3-22   图 3-23

3.7 多段线

在 3D One Plus 用户界面中，将鼠标指针移动到命令工具栏中的【草图绘制】命令 🖊 上，在其子菜单中选择【多段线】命令 ⃞ ，可以通过添加多个点来绘制多段连续直线草图，如图 3-24 所示。

- 【点】是多段线节点和端点在工作台平面网格中的坐标。单击平面网格可确定【点】的值，也可以直接在【多段线】命令窗口中输入【点】的值。如需修改多段线，可通过鼠标拖动其中某段直线或某个点实现，如图 3-25 所示。

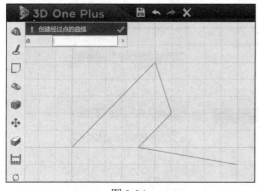

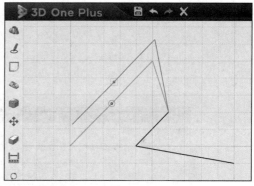

图 3-24   图 3-25

3.8 通过点绘制曲线

在 3D One Plus 用户界面中，将鼠标指针移动到命令工具栏中的【草图绘制】命令 🖊 上，在其子菜单中选择【通过点绘制曲线】命令 ⋀ ，可以快速绘制样条曲线，如图 3-26 所示。

- 【点】是曲线端点和节点在工作台平面网格中的坐标。单击平面网格可确定【点】的值，也可以直接在【通过点绘制曲线】命令窗口中输入【点】的值。如需修改样条曲线，只能通过鼠标拖动其中某个点实现，如图 3-27 所示。

单击样条曲线中的某个点，会出现智能手柄，通过拖动智能手柄可以让每个点的切线（见图 3-28）、曲率半径（见图 3-29）、相切权重（见图 3-30）发生改变。

双击样条曲线，会出现【修改曲线】命令窗口，其中包含【必选】【约束】【修改】【曲率图】4 项功能，如图 3-31 所示。

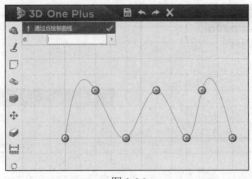
图 3-26

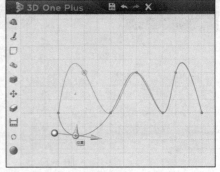
图 3-27

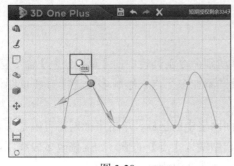
图 3-28

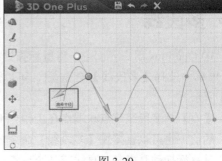
图 3-29

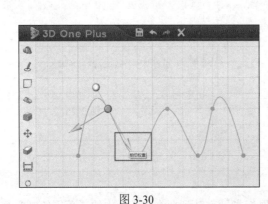
图 3-30

图 3-31

- 【必选】功能中包含【曲线】和【点】功能。【曲线】是指样条曲线的名称，例如 Cv479，【点】用于在样条曲线上增加点，如图 3-32 所示。
- 【约束】功能中包含【切线方向】【G1 量级】【G2 半径】功能和【反转方向】按钮，其中【反转方向】按钮用于更改切线的方向，如图 3-33 所示。
- 【修改】功能用于将样条曲线转化为控制点曲线，通过其中的按钮可对控制点曲线进行修改，如图 3-34 所示。
- 【曲率图】功能用于实现【显示梳状曲率】【显示修改提示】【显示拐点】【显示最小半径】功能，如图 3-35 所示。

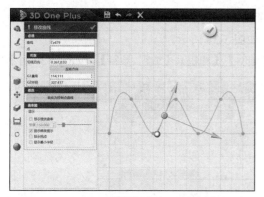
图 3-32

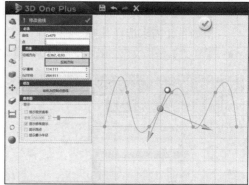
图 3-33

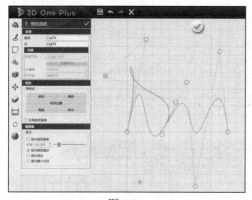
图 3-34

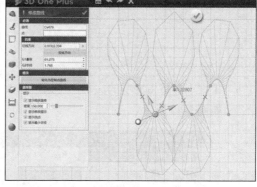
图 3-35

3.9　预制文字

在 3D One Plus 用户界面中，将鼠标指针移动到命令工具栏中的【草图绘制】命令 ✐ 上，在其子菜单中选择【预制文字】命令 **A**，可以快速设置文字。

【预制文字】命令窗口中包含【原点】【文字】【字体】【样式】【大小】5 项功能。

- 【原点】是指文字在平面网格中或其他面中的坐标点，如图 3-36 所示。
- 【文字】是指需要设置的文字，在【文字】输入框中输入文字即可，例如"3D"，如图 3-37 所示。

图 3-36

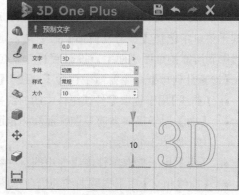
图 3-37

- 【字体】是指文字的字体，计算机操作系统中安装的所有字体均显示在其下拉列表中，根据设计需求选择其中一种字体即可，如图 3-38 所示。
- 【样式】是指文字的样式，如【常规】【倾斜】【加粗】【加粗 倾斜】，如图 3-39 所示。

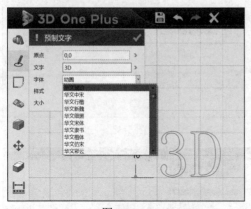 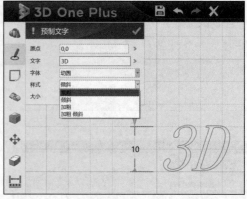

图 3-38   图 3-39

- 【大小】是指文字的大小，可通过修改【大小】输入框中的数值来更改文字的大小，如图 3-40 所示。

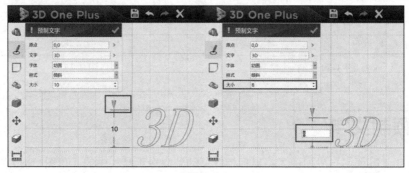

图 3-40

预制文字以草图的形式存在，可以对其进行拉伸、旋转、放样等实体操作。

3.10　参考几何体

在 3D One Plus 用户界面中，将鼠标指针移动到命令工具栏中的【草图绘制】命令 🖉 上，在其子菜单中选择【参考几何体】命令 🖾。通过它可以将零件或组件中的三维点、直线或曲线投影到所需的草图平面中，投影后的三维点、直线或曲线会变成二维点、直线或曲线。

【参考几何体】命令窗口中包含【曲线】【面】【点】【曲线相交】【基准面】5 项功能。

- 【曲线】用于提取零件或组件中的曲线并将其投影到所需的草图平面中，如图 3-41 所示。
- 【面】用于提取当前草图平面和指定面的相交部分的线并将其投影到所需的草图平面中，如图 3-42 所示。
- 【点】用于提取零件或组件中的点并将其投影到所需的草图平面中，如图 3-43 所示。
- 【曲线相交】用于提取曲线和当前草图平面相交的点并将其投影到所需的草图平面中，如图 3-44 所示。

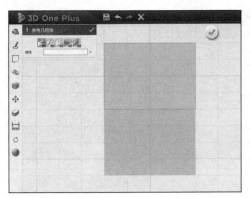

图 3-41

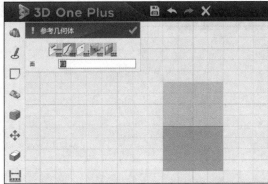

图 3-42

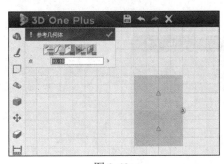

图 3-43

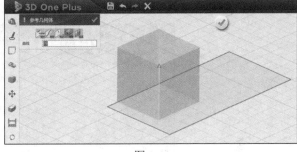

图 3-44

- 【基准面】用于提取当前草图平面和基准面的相交部分的线并将其投影到所需的草图平面中，它只对添加的基准面有效，如图 3-45 所示。

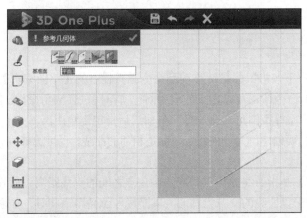

图 3-45

3.11 圆角

在草图绘制状态下，将鼠标指针移动到命令工具栏中的【草图编辑】命令 上，在其子菜单中选择【圆角】命令 ，可以在工作台中对已有草图进行圆角操作，使草图更圆滑。

- 【曲线】是指要创建圆角的曲线，必须是相邻的曲线，如图 3-46 所示。
- 【半径】是指圆角的半径，半径越大圆角越圆滑，如图 3-47 所示。

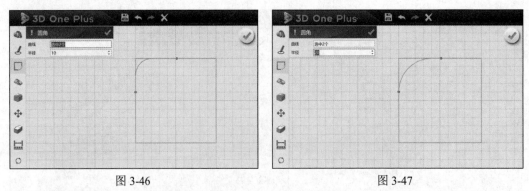

図 3-46　　　　　　　　　　　　　　　図 3-47

　　使用【圆角】命令□可以创建两条相邻曲线之间的圆角，也可以创建两条以上相邻曲线之间的圆角，如图 3-48 所示。

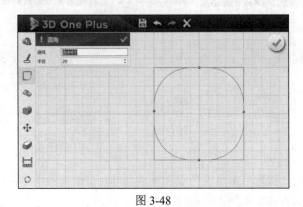

図 3-48

3.12　倒角

　　在草图绘制状态下，将鼠标指针移动到命令工具栏中的【草图编辑】命令□上，在其子菜单中选择【倒角】命令□，可以在工作台中对已有草图进行倒角操作。【倒角】命令□用于在两条曲线间创建一个等距倒角，在选择两条曲线后指定倒角距离。

- 【曲线】是指要创建倒角的曲线，必须是相邻的曲线，也可选择同一条曲线，如图 3-49 所示。
- 【倒角距离】是指曲线的交点和新的倒角点之间的直线距离，假设曲线与一个圆形相交，则该圆形以曲线的交点为圆心，其半径与倒角距离相等，如图 3-50 所示。

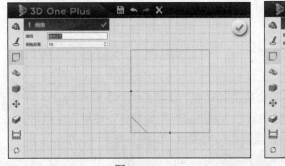

图 3-49

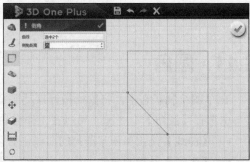

图 3-50

　　使用【倒角】命令□可以创建两条相邻曲线之间的倒角，也可以创建两条以上相邻曲线之间的倒角，如图 3-51 所示。

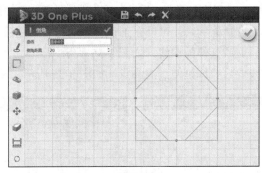

图 3-51

3.13 单击修剪

　　在草图绘制状态下，将鼠标指针移动到命令工具栏中的【草图编辑】命令□上，在其子菜单中选择【单击修剪】命令Ⅵ，可以在工作台中对已有草图进行修剪操作。【单击修剪】命令Ⅵ用于修剪一条曲线，或修剪两条相交曲线之间多余的部分，也用于修剪两点之间的曲线。

- 【修剪点】是指需要修剪的曲线。
- 修剪一条曲线的效果如图 3-52 所示。
- 修剪两条相交曲线之间多余的部分的效果如图 3-53 所示。

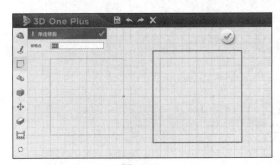

图 3-52

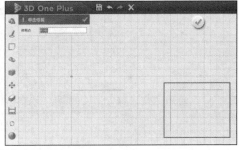

图 3-53

- 修剪两点间的曲线的效果如图 3-54 所示。

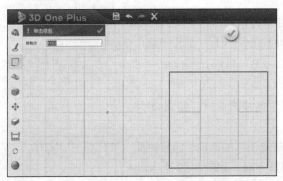

图 3-54

3.14 修剪/延伸曲线

在草图绘制状态下，将鼠标指针移动到命令工具栏中的【草图编辑】命令□上，在其子菜单中选择【修剪/延伸曲线】命令✕，可以在工作台中对已有草图进行修剪和延伸操作。

- 【曲线】是指需修剪或延伸的曲线，如图3-55所示。
- 【终点】是指曲线要修剪或延伸到的终点，如图3-56所示。

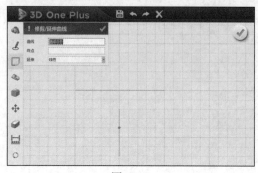
图 3-55

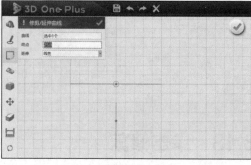
图 3-56

- 【延伸】用于控制延伸曲线的路径，包括【线性】和【圆弧】两种方式。【线性】是指延伸沿线性路径进行，【圆弧】是指延伸沿着曲率方向的弧线路径进行，如图3-57所示。

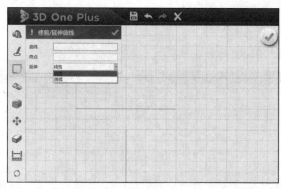
图 3-57

3.15 偏移曲线

在草图绘制状态下，将鼠标指针移动到命令工具栏中的【草图编辑】命令□上，在其子菜单中选择【偏移曲线】命令⤴，可以在工作台中对曲线进行偏移操作。

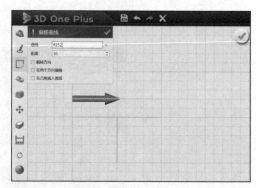
图 3-58

- 【曲线】是指要偏移的曲线，如图3-58所示。
- 【距离】是指曲线偏移的距离，偏移距离的正负决定偏移方向，如图3-59所示。
- 【翻转方向】用于改变偏移的方向，如图3-60所示。

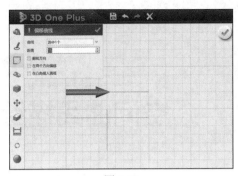

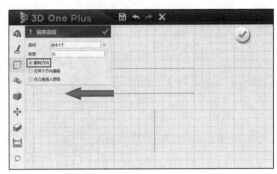

图 3-59　　　　　　　　　　　　　　　　　　　图 3-60

- 【在两个方向偏移】用于进行双向偏移，即创建两条曲线，如图 3-61 所示。
- 【在凸角插入圆弧】用于在连接处插入一段圆弧，如图 3-62 所示。

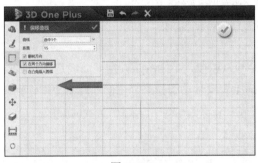

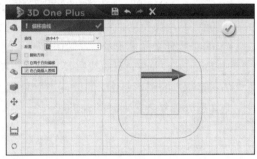

图 3-61　　　　　　　　　　　　　　　　　　　图 3-62

3.16　显示曲线连通性

在草图绘制状态下，将鼠标指针移动到命令工具栏中的【显示曲线连通性】命令 ○ 上并单击，即可选择该命令。该命令用来激活草图或查询草图中所有曲线的连通性。

- 三角形出现在过度配合的端点处，如图 3-63 所示。它表示两条以上的曲线在此端点会合。出现三角形表示可能存在某种分叉曲线或无效区域，这种情况下需删除相应的图形；也有可能存在某种退化的曲线，它们的端点在公差范围内会合，此时可删除微小的图形；还有可能存在两条曲线重合，在继续操作前需删除其中的任意一条。

- 正方形出现在间隙配合的端点处，如图 3-63 所示。它表示只有一条曲线在此端点会合。如果图形中出现了正方形，则图形中可能存在间隙，可通过添加圆角曲线或使用【修剪/延伸曲线】命令 ✕ 进行修复，如图 3-63 所示。

图 3-63

第*4*章

空间曲线描绘

【学习目标】

- 了解 3D One Plus 中空间曲线描绘的功能。
- 掌握 3D One Plus 中空间曲线描绘相关命令的使用方法。
- 能够利用【空间曲线描绘】命令 ∿ 绘制简单的空间图形。
- 能够区分平面图形和空间图形。

3D One Plus 的"空间曲线描绘"跟"草图绘制"相似，不同的是，空间曲线是 3D 曲线，而"草图绘制"的图形是 2D 的，且"空间曲线描绘"没有草图模式。空间曲线主要用作辅助线，尤其是处理复杂造型时的辅助线。

4.1　点

在 3D One Plus 用户界面中，将鼠标指针移动到命令工具栏中的【空间曲线描绘】命令 ∿ 上，在其子菜单中选择【点】命令 + ，可以在工作台中绘制点，且可绘制多个。

- 平面点可通过鼠标直接在工作台平面网格中单击来绘制，绘制的点在同一个平面中，如图 4-1 所示。
- 空间点可借助辅助体（如六面体）来绘制，在辅助体不同的面上单击即可，如图 4-2 所示。

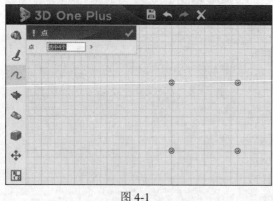
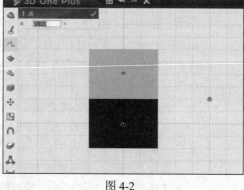

图 4-1　　　　　　　　　　　　　　　　图 4-2

- 在【点】命令窗口中直接输入【点】的值，同样可以在工作台中绘制平面点或空间点，如图 4-3 所示。按【Enter】键确认后，可继续输入坐标值绘制下一个点。

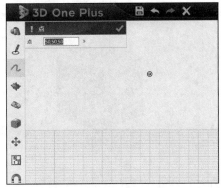

图 4-3

4.2 直线

在 3D One Plus 用户界面中，将鼠标指针移动到命令工具栏中的【空间曲线描绘】命令 ∿ 上，在其子菜单中选择【直线】命令 ╱，可以在工作台中绘制平面直线或空间直线。

- 可直接在工作台平面网格中单击确定【点 1】【点 2】的值来绘制平面直线，如图 4-4 所示。
- 可借助辅助体（如六面体），在辅助体不同的面上单击确定【点 1】【点 2】的值来绘制空间直线，如图 4-5 所示。

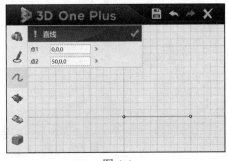

图 4-4

- 在【直线】命令窗口中直接输入【点 1】【点 2】的值，同样可以在工作台中绘制平面直线或空间直线，如图 4-6 所示。

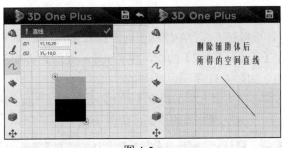

图 4-5

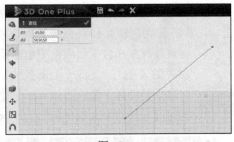

图 4-6

4.3 多段线

在 3D One Plus 用户界面中，将鼠标指针移动到命令工具栏中的【空间曲线描绘】命令 ∿ 上，在其子菜单中选择【多段线】命令 ⌐，可以在工作台中绘制平面多段线或空间多段线。

- 可直接在工作台平面网格中单击确定【点】的值来绘制平面多段线，如图 4-7 所示。
- 可借助辅助体（如六面体），在辅助体不同的面上单击确定【点】的值来绘制空间多段线，如图 4-8 所示。

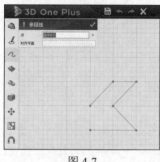
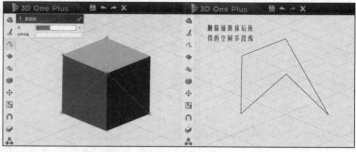

图 4-7   图 4-8

- 在【多段线】命令窗口中直接输入【点】的值，同样可以在工作台中绘制平面多段线或空间多段线，如图 4-9 所示。
- 【对齐平面】用于将绘制的多段线投影到对齐的平面上，形成平面多段线，如图 4-10 所示。

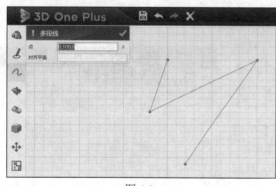
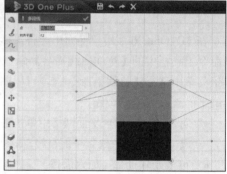

图 4-9   图 4-10

4.4 3D 弧线

在 3D One Plus 用户界面中，将鼠标指针移动到命令工具栏中的【空间曲线描绘】命令 ∿ 上，在其子菜单中选择【3D 弧线】命令 ⌒，可以在工作台中绘制平面圆弧或空间圆弧。

- 可直接在工作台平面网格中单击确定【点 1】【点 2】的值，并通过【通过点】来确定圆弧的半径，以完成平面圆弧的绘制，如图 4-11 所示。
- 可借助辅助体（如六面体），在辅助体不同的面上单击确定【点 1】【点 2】的值，并通过【通过点】来确定圆弧的半径，以完成空间圆弧的绘制，如图 4-12 所示。

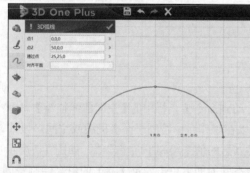
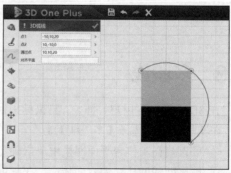

图 4-11   图 4-12

- 在【3D 弧线】命令窗口中直接输入【点 1】【点 2】的值及【通过点】的值，同样可以在工作台中绘制平面圆弧或空间圆弧，如图 4-13 所示。
- 【对齐平面】用于将已绘制的圆弧通过对齐的平面来调整其方位，如图 4-14 所示。

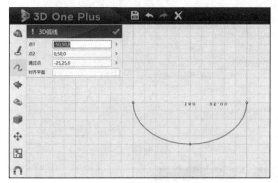
图 4-13

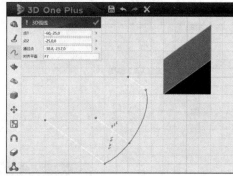
图 4-14

双击绘制的圆弧，会弹出【修改曲线】命令窗口。该窗口中主要包含【必选】【约束】【修改】【曲率图】4 项功能，如图 4-15 所示。

- 【必选】功能中包含【曲线】和【点】功能。【曲线】是指圆弧的名称，例如 Arc2411。【点】用于在圆弧上确定一个点，并在【约束】中调整其【切线方向】【G1 量级】【G2半径】的值，如图 4-16 所示。

图 4-15

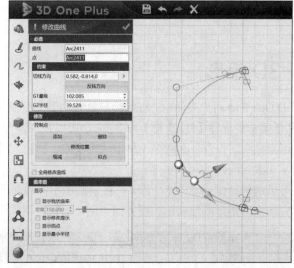
图 4-16

- 【约束】功能中包含【切线方向】【G1 量级】【G2 半径】功能和【反转方向】按钮，其中【反转方向】按钮用于更改切线的方向，如图 4-17 所示。
- 【修改】功能可以添加、删除、缩减、拟合控制点，并通过拖动控制点对圆弧进行修改，如图 4-18 所示。
- 【曲率图】功能用于实现【显示梳状曲率】【显示修改提示】【显示拐点】【显示最小半径】功能，如图 4-19 所示。

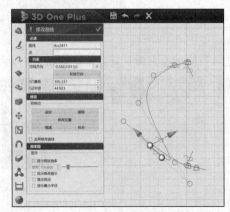

图 4-17

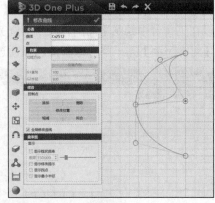

图 4-18

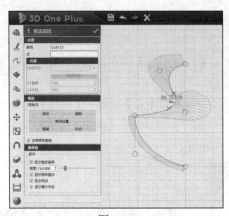

图 4-19

4.5　3D 矩形

在 3D One Plus 用户界面中，将鼠标指针移动到命令工具栏中的【空间曲线描绘】命令 ～ 上，在其子菜单中选择【3D 矩形】命令 □，可以在工作台中绘制平面矩形或空间矩形。

- 可直接在工作台平面网格中单击确定【点 1】【点 2】的值来完成平面矩形的绘制，如图 4-20 所示。
- 可借助辅助体（如三棱柱体），在辅助体不同的面上单击确定【点 1】【点 2】的值来完成空间矩形的绘制，如图 4-21 所示。

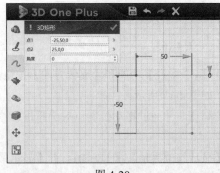

图 4-20

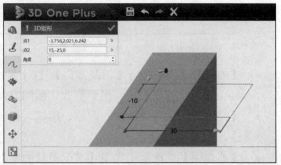

图 4-21

- 在【3D 矩形】命令窗口中直接输入【点 1】【点 2】的值，同样可以在工作台中绘制平面矩形或空间矩形，如图 4-22 所示。
- 【角度】用于设置矩形以【点 1】为旋转中心进行旋转的角度，可以改变矩形在工作台平面网格中的角度，如图 4-23 所示。

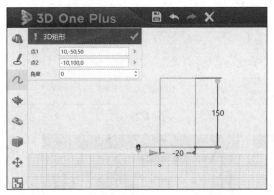 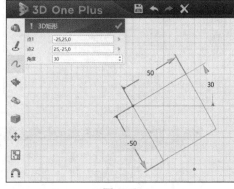

图 4-22　　　　　　　　　　　　　　　　图 4-23

4.6　3D 正多边形

在 3D One Plus 用户界面中，将鼠标指针移动到命令工具栏中的【空间曲线描绘】命令 ∿ 上，在其子菜单中选择【3D 正多边形】命令 ⬡，可以在工作台中绘制 3D 正多边形。

- 可直接在工作台平面网格中单击确定【中心】的值，然后拖动鼠标完成平面正多边形的绘制，如图 4-24 所示。
- 可借助辅助体（如六面体），在辅助体不同的面、边或角上单击确定【中心】的值，然后拖动鼠标完成空间正多边形的绘制，如图 4-25 所示。

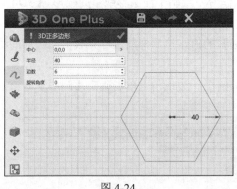

图 4-24　　　　　　　　　　　　　　　　图 4-25

- 在【3D 正多边形】命令窗口中直接输入【中心】的值，同样可以在工作台中间绘制平面正多边形或空间正多边形，如图 4-26 所示。
- 【半径】是指正多边形的外接圆半径，可直接在【3D 正多边形】命令窗口中输入数值或拖动鼠标确定数值，如图 4-27 所示。
- 【边数】是指正多边形的边数，通过修改边数可以获得多种正多边形，例如正五边形、正八边形等，如图 4-28 所示。
- 【旋转角度】用于设置正多边形以【中心】为旋转中心进行旋转的角度，可以改变正多边形在工作台平面网格中的角度，如图 4-29 所示。

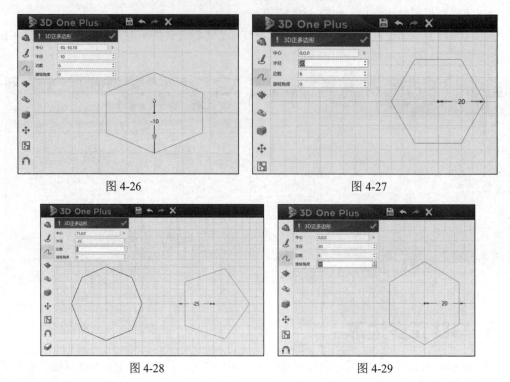

图 4-26　　　　　　　　　　　　　　　　图 4-27

图 4-28　　　　　　　　　　　　　　　　图 4-29

4.7　3D 圆

在 3D One Plus 用户界面中，将鼠标指针移动到命令工具栏中的【空间曲线描绘】命令 ～ 上，在其子菜单中选择【3D 圆】命令 ⊙，可以在工作台中绘制平面圆形或空间圆形。【3D 圆】命令 ⊙ 通过圆心和一个边界点来创建一个圆形。

- 可直接在工作台平面网格中单击确定【圆心】的值，然后拖动鼠标完成平面圆形的绘制，如图 4-30 所示。
- 可借助辅助体（如六面体），在辅助体不同的面、边或角上单击确定【圆心】的值，然后拖动鼠标完成空间圆形的绘制，如图 4-31 所示。

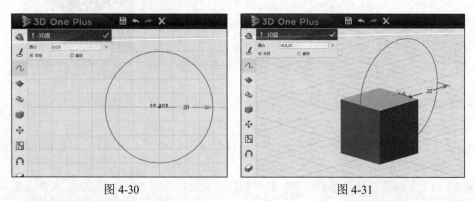

图 4-30　　　　　　　　　　　　　　　　图 4-31

- 在【3D 圆】命令窗口中直接输入【圆心】的值，同样可以在工作台中绘制平面圆形或空间圆形，如图 4-32 所示。

- 【半径】是指圆形的半径，可通过修改智能手柄间的数值或拖动智能手柄来确定，如图 4-33、图 4-34 所示。
- 【直径】是指圆形的直径，其设置的方法与【半径】相同。在【3D 圆】命令窗口中可进行【半径】和【直径】的切换，如图 4-35 所示。

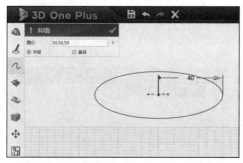

图 4-32

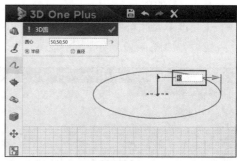

图 4-33

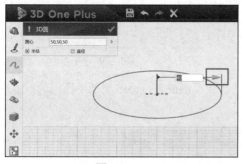

图 4-34

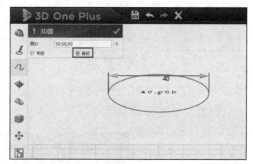

图 4-35

4.8 3D 椭圆

在 3D One Plus 用户界面中，将鼠标指针移动到命令工具栏中的【空间曲线描绘】命令 ∿ 上，在其子菜单中选择【3D 椭圆】命令 ◯，可以在工作台中绘制椭圆形。

- 可直接在工作台平面网格中单击确定【点 1】的值，然后拖动鼠标确定【点 2】的值，以完成平面椭圆形的绘制，如图 4-36 所示。
- 可借助辅助体（如六面体），在辅助体不同的面、边或角上单击确定【点 1】的值，然后拖动鼠标确定【点 2】的值，以完成空间椭圆形的绘制，如图 4-37 所示。

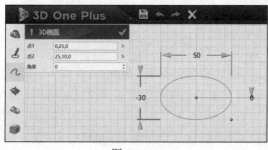

图 4-36

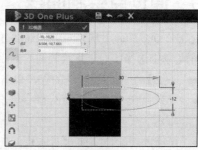

图 4-37

- 在【3D 椭圆】命令窗口中直接输入【点1】【点2】的值，同样可以在工作台中绘制平面椭圆形或空间椭圆形，如图 4-38 所示。
- 【点1】【点2】是椭圆形外接矩形对角线上的两个点，【点1】即椭圆形的中心。单击平面网格或已有模型的面、边、角可确定【点1】的值，随后移动鼠标指针到指定位置并单击即可确定【点2】的值，也可以直接在【3D 椭圆】命令窗口中输入【点1】【点2】的值。
- 【角度】是指椭圆形绕【点1】旋转的角度，可以改变椭圆形在工作台平面网格中的角度，如图 4-39 所示。

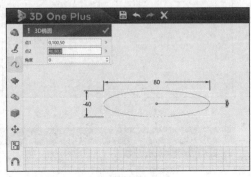 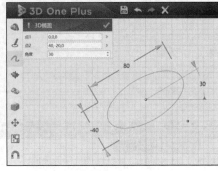

图 4-38　　　　　　　　　　　　　　　　图 4-39

- 椭圆形的短轴和长轴的长度可以通过拖动智能手柄或直接修改智能手柄间的数值进行设置，如图 4-40 所示。

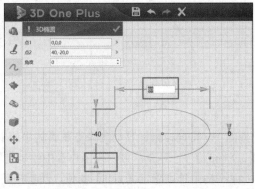

图 4-40

4.9　通过点绘制曲线

在 3D One Plus 用户界面中，将鼠标指针移动到命令工具栏中的【空间曲线描绘】命令 ∿ 上，在其子菜单中选择【通过点绘制曲线】命令 ∿，可以在工作台中绘制平面曲线或空间曲线。

- 【点】是指曲线通过的点，单击鼠标中键即可结束曲线的绘制。
- 可直接在工作台平面网格中单击确定【点】的值来完成平面曲线的绘制，如图 4-41 所示。
- 可借助辅助体（如六面体），在辅助体不同的面、边或角上单击确定【点】的值，以完成空间曲线的绘制，如图 4-42 所示。

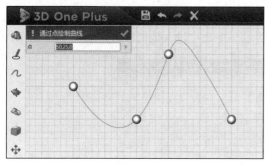
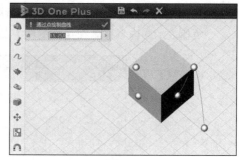

| 图 4-41 | 图 4-42 |

- 在【通过点绘制曲线】命令窗口中连续输入【点】的值，同样可以在工作台中绘制平面曲线或空间曲线，如图 4-43 所示。

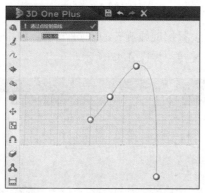

图 4-43

4.10 螺旋线

在 3D One Plus 用户界面中，将鼠标指针移动到命令工具栏中的【空间曲线描绘】命令 上，在其子菜单中选择【螺旋线】命令 ，可以在工作台中绘制螺旋线。

- 【起点】是指螺旋线的起始端点，可在平面网格中单击确定，也可以通过在命令窗口中直接输入【起点】的值来确定。
- 【轴】是指螺旋线的螺旋轴，可以是坐标轴、任意直线或点，可借助辅助体（如六面体）来确定，如图 4-44 所示。
- 【转数】是指螺旋线的圈数，在【螺旋线】命令窗口中直接输入数值即可，如图 4-45 所示。

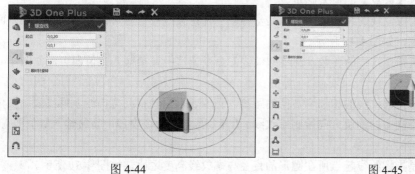
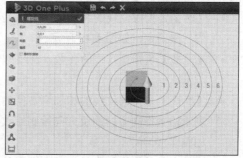

| 图 4-44 | 图 4-45 |

- 【偏移】是指螺旋线的每一圈的偏移值，即相邻两圈间的距离。正值表示向外偏移，负值表示向内偏移。在【螺旋线】命令窗口中直接输入数值即可，如图 4-46 所示。

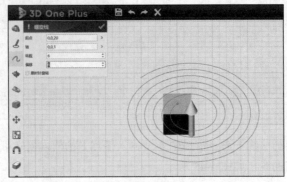

图 4-46

- 【顺时针旋转】用于设置螺旋线旋转的方向。勾选【顺时针旋转】选项，螺旋线顺时针旋转，否则逆时针旋转，如图 4-47 所示。

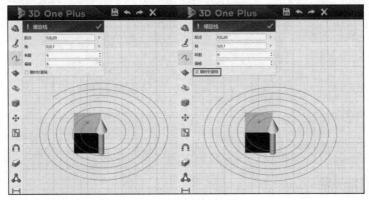

图 4-47

4.11　螺纹线

在 3D One Plus 用户界面中，将鼠标指针移动到命令工具栏中的【空间曲线描绘】命令 ↗ 上，在其子菜单中选择【螺纹线】命令 ▮，可以在工作台中绘制螺纹线。

- 【起点】是指螺纹线的起始端点，可在平面网格中单击确定，也可以通过在命令窗口中直接输入【起点】的值来确定。
- 【轴】是指螺纹线的螺旋轴，可以是坐标轴、任意直线或点，可借助辅助体（如六面体）来确定，如图 4-48 所示。
- 【匝数】是指螺纹线的转数，在【螺纹线】命令窗口中直接输入数值即可，如图 4-49 所示。
- 【距离】是指螺纹线的相邻两转间的距离。正值表示沿轴指向方向绘制螺纹线，负值表示沿轴指向方向的反方向绘制螺纹线。在【螺纹线】命令窗口中直接输入数值即可，如图 4-50 所示。
- 【锥度】是指螺纹线起点所在圆形的直径与螺纹线高度之比，如图 4-51 所示。

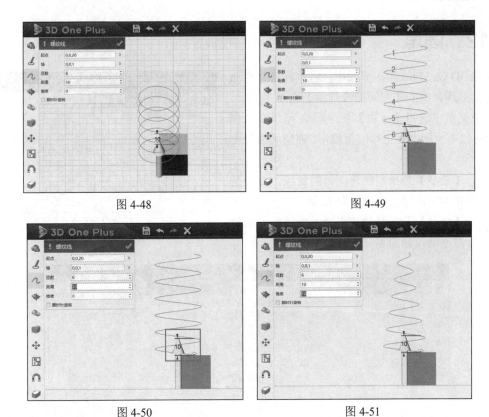

图 4-48   图 4-49

图 4-50   图 4-51

- 【顺时针旋转】用于设置螺纹线旋转的方向。勾选【顺时针旋转】选项，螺纹线顺时针旋转，否则逆时针旋转，如图 4-52 所示。

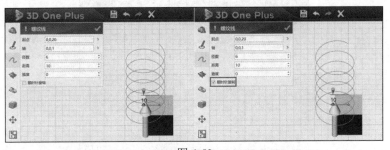

图 4-52

螺纹线的尺寸取决于螺纹线的起点与轴之间的距离，距离越大，螺纹线的尺寸越大，反之螺纹线的尺寸越小，如图 4-53 所示。

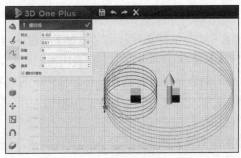

图 4-53

4.12 圆角

在 3D One Plus 用户界面中，将鼠标指针移动到命令工具栏中的【空间曲线描绘】命令 ∿ 上，在其子菜单中选择【圆角】命令 ⬝，可以在工作台中对已有空间曲线进行圆角操作，使空间曲线更圆滑。

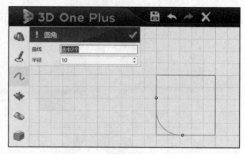

图 4-54

- 【曲线】是指要创建圆角的曲线，必须是相邻的曲线，如图 4-54 所示。
- 【半径】是指圆角的半径，半径越大圆角越圆滑，如图 4-55 所示。

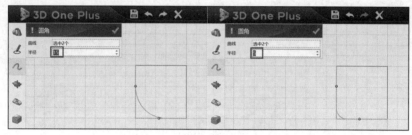

图 4-55

使用【圆角】命令 ⬝ 可以创建两条相邻曲线之间的圆角，也可以创建两条以上相邻曲线之间的圆角，如图 4-56 所示。

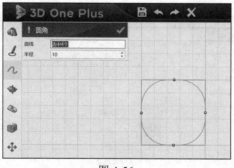

图 4-56

4.13 倒角

在 3D One Plus 用户界面中，将鼠标指针移动到命令工具栏中的【空间曲线描绘】命令 ∿ 上，在其子菜单中选择【倒角】命令 ⬝，可以在工作台中对已有空间曲线进行倒角操作。【倒角】命令 ⬝ 用于在两条曲线间创建一个等距倒角，在选择两条曲线后指定倒角距离。

- 【曲线】是指要创建倒角的曲线，必须是相邻的曲线，也可选择同一条曲线，如图 4-57 所示。
- 【距离】是指曲线的端点和新的倒角点之间的直线距离，假设曲线与一个圆形相交，则该圆形以曲线的端点为中心，其半径与倒角距离相等，如图 4-58 所示。

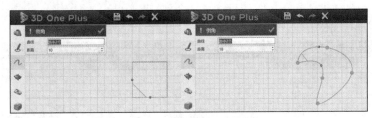

图 4-57

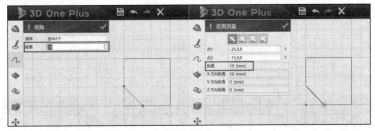

图 4-58

使用【倒角】命令 可以创建两条相邻曲线之间的倒角，也可以创建两条以上相邻曲线之间的倒角，如图 4-59 所示。

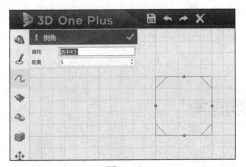

图 4-59

4.14 单击修剪

在 3D One Plus 用户界面中，将鼠标指针移动到命令工具栏中的【空间曲线描绘】命令 上，在其子菜单中选择【单击修剪】命令 ，可以在工作台中对已有空间曲线进行修剪操作。【单击修剪】命令 用于修剪一条曲线，或者修剪两条相交曲线之间多余的部分，也用于修剪两点之间的曲线。

- 【修剪点】是指需要修剪的曲线。
- 修剪一条曲线的效果如图 4-60 所示。

图 4-60

- 修剪两条相交曲线之间多余的部分的效果如图 4-61 所示。

图 4-61

- 修剪两点间的曲线的效果如图 4-62 所示。

图 4-62

4.15 修剪/延伸成角

在 3D One Plus 用户界面中，将鼠标指针移动到命令工具栏中的【空间曲线描绘】命令 ∿ 上，在其子菜单中选择【修剪/延伸成角】命令 ✕，可以在工作台中对两条曲线进行修剪或延伸以连接形成夹角的操作。【修复/延伸成角】命令 ✕ 用于将直线和直线延伸形成夹角，或者将直线和曲线延伸形成夹角，也用于将曲线和曲线延伸形成夹角。

- 【曲线 1】【曲线 2】是指在修剪端附近选择的两条曲线。
- 【延伸】用于控制延伸曲线（面）的路径，其下拉列表中包括【线性】【圆弧】【反射】3 个选项。【线性】是指延伸沿着线性路径进行，【圆弧】是指延伸沿着曲率方向的弧线路径进行，【反射】是指延伸沿着与曲率方向相反的反射路径进行。
- 将直线和直线延伸形成夹角的效果如图 4-63 所示。

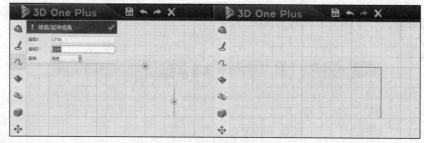

图 4-63

- 将直线和曲线延伸形成夹角的效果如图 4-64 所示。

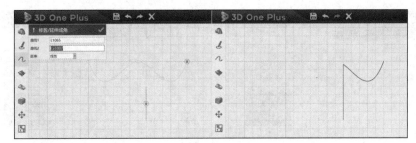

图 4-64

- 将曲线和曲线延伸形成夹角的效果如图 4-65 所示。

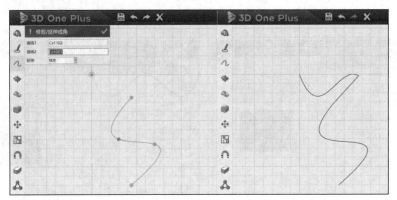

图 4-65

延伸形成的夹角方向取决于【曲线 2】的方向，如图 4-66 所示。

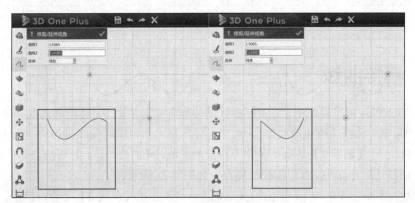

图 4-66

4.16 偏移曲线

在 3D One Plus 用户界面中，将鼠标指针移动到命令工具栏中的【空间曲线描绘】命令 ⌇ 上，在其子菜单中选择【偏移曲线】命令 ⌇，可以在工作台中对曲线进行偏移操作。

- 【曲线】是指要偏移的曲线，如图 4-67 所示。
- 【距离】是指曲线偏移的距离，偏移距离的正负决定偏移方向，如图 4-68 所示。
- 【偏移法向】是指偏移方向的垂直方向，如图 4-69 所示。
- 【在两个方向偏移】用于进行双向偏移，即创建两条曲线，如图 4-70 所示。

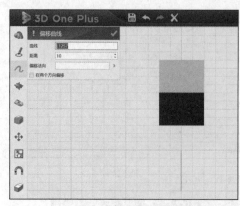

图 4-67

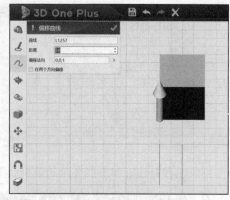

图 4-68

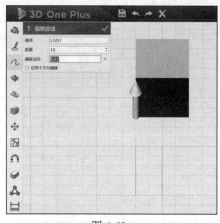

图 4-69

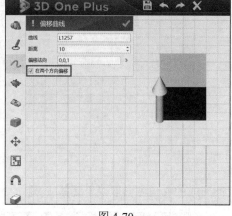

图 4-70

4.17 桥接曲线

在 3D One Plus 用户界面中，将鼠标指针移动到命令工具栏中的【空间曲线描绘】命令 ∿ 上，在其子菜单中选择【桥接曲线】命令 ⌒ ，可以在工作台中对曲线进行桥接操作。

- 【曲线 1】【曲线 2】是指两条需要桥接的曲线，【曲线 1】上的桥接点即桥接的起点，【曲线 2】上的桥接点即桥接的终点，如图 4-71 所示。
- 【起点】是指【曲线 1】上的桥接点，【终点】是指【曲线 2】上的桥接点，【连续方式】是指拟合和桥接的曲线的连续方法，如图 4-72 所示。【连续方式】包括【相接】【相切】【曲率】3 种方式。【相接】是指桥接与所选曲线的端点接触，【相切】是指桥接与所选曲线的端点相切，【曲率】是指桥接与所选曲线的端点相切并且曲率匹配。【权重】是权重因子，可通过拖动滑块或拖动起始点、结束点处的箭头修改权重，当【连续方式】为【相切】或【曲率】时，可双击箭头调整箭头方向。
- 通过【设置】中的【修剪】可修剪或延伸曲线，如图 4-73 所示。【修剪】下拉列表中的【两者都修剪】是指修剪或延伸两条曲线；【不修剪】是指添加圆角或倒角，而不修改现有的曲线，不执行修剪或延伸操作；【修剪第一条】是指仅修剪或延伸第一条曲线；【修剪第二条】是指仅修剪或延伸第二条曲线。
- 勾选【显示曲率】选项，可显示桥接曲线的曲率图，如图 4-74 所示。

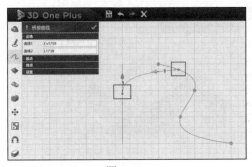

图 4-71   图 4-72

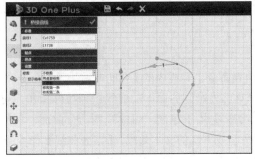

图 4-73   图 4-74

4.18　投影曲线

在 3D One Plus 用户界面中，将鼠标指针移动到命令工具栏中的【空间曲线描绘】命令 ∿ 上，在其子菜单中选择【投影曲线】命令 ，可以在工作台中对曲线进行投影操作，将曲线投影到其他平面或曲面。【投影曲线】命令 既对空间曲线有效，又对草图轮廓有效。在默认情况下，投影的方向垂直于平面或基准平面投影。

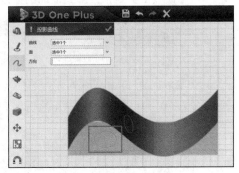

图 4-75

- 【曲线】是指投影曲线时使用的母线，在工作台中单击已绘制的曲线即可设置，如图 4-75 所示。
- 【面】是指曲线投影到的面或基准面，如图 4-76 所示。

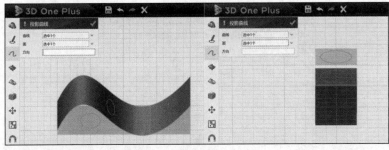

图 4-76

- 【方向】是指曲线投影的方向，在默认情况下，投影方向垂直于曲面，也可自定义投射方向，如图 4-77 所示。

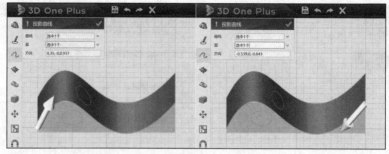

图 4-77

4.19 镶嵌曲线

在 3D One Plus 用户界面中，将鼠标指针移动到命令工具栏中的【空间曲线描绘】命令 ⌒ 上，在其子菜单中选择【镶嵌曲线】命令 🖉，可对已投影到曲面上的曲线进行拉伸操作，可与【投影曲线】命令 🖉 配合使用。【镶嵌曲线】命令 🖉 用于镶嵌一组曲线到一个曲面，例如对于轮廓文字，指定偏移距离创建新曲面，产生凸起或下沉的文本效果。【镶嵌曲线】命令 🖉 实际上是创建新的曲面、边缘、顶点等，可以使凸起的曲面转换为基础曲面。

- 【面 F】是指要镶嵌的曲面，可以为一个或多个，如图 4-78 所示。
- 【曲线 C】是指投影到曲面的曲线，如图 4-79 所示。

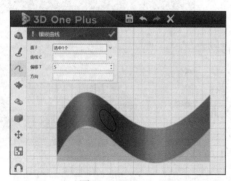

图 4-78

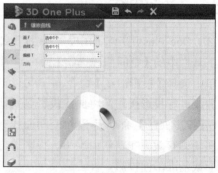

图 4-79

- 【偏移 T】是指为镶嵌的曲线指定的偏移距离，若为正数曲面会凸起，若为负数曲面会下凹，如图 4-80 所示。

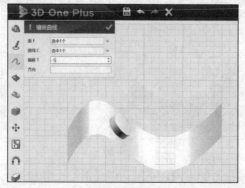

图 4-80

- 【方向】是指曲线镶嵌的方向，如图4-81所示。

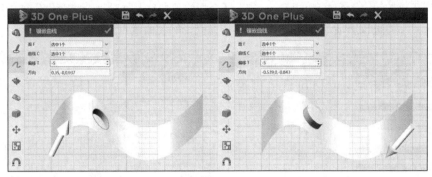

图 4-81

4.20 修改曲线

在 3D One Plus 用户界面中，将鼠标指针移动到命令工具栏中的【空间曲线描绘】命令 〜 上，在其子菜单中选择【修改曲线】命令 〜，可以在工作台中对已有空间曲线进行修改。

【修改曲线】命令窗口中主要包含【必选】【约束】【修改】【曲率图】4项功能，如图4-82所示。

- 【必选】功能中包含【曲线】和【点】功能。【曲线】是指需要修改的曲线，【点】是指曲线上要修改的点，如图4-83所示。

图 4-82

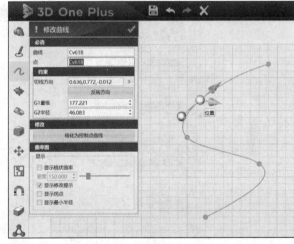

图 4-83

- 【约束】功能中包含【切线方向】【G1 量级】【G2 半径】功能和【反转方向】按钮。在曲线上选择一个点，在该点处会显示智能手柄，可直接拖动智能手柄修改该点处的切线方向、切向权重大小和曲率半径，也可以直接在【修改曲线】命令窗口中输入参数值；可单击【反转方向】按钮反转切线方向，如图4-84所示。
- 可通过【转化为控制点曲线】按钮将曲线转化为控制点曲线（插值曲线）。【添加】按钮：在曲线上选择一个点，通过该按钮可为这个点添加一个控制点。【删除】按钮：可删除一个或多个控制点。【修改位置】按钮：选择要移动的控制点，单击鼠标中键并拖动鼠标时会动态显示曲线控制点的位置，单击确定终点。【缩减】按钮：可减少控制点的总数。【拟合】按钮：可重新拟合曲线，移除当前存在于曲线上的不需要的反常属性，注意该按钮会改变曲线的路径。勾选【全局修改曲线】选项，会将变化分布在整个曲线上；不勾选该选项，会将修改变化保持在受影响的曲线点上，如图 4-85 所示。

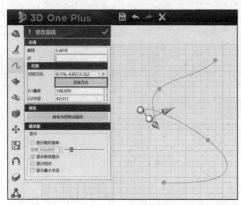
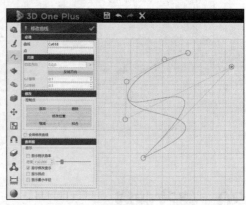

图 4-84   图 4-85

- 通过【曲率图】功能可以查看样条曲线的梳状曲率、修改提示、拐点和最小半径，如图 4-86 所示。【显示梳状曲率】用于在编辑时显示曲线的曲率图，可使用滑块设置图标的密度（即齿的总数）。【显示修改提示】用于在编辑期间显示修改提示。【显示拐点】用于在编辑期间显示曲线的拐点。【显示最小半径】用于在编辑期间在曲线曲率最小的点处显示最小半径。

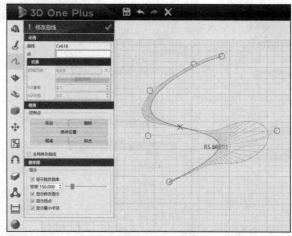

图 4-86

4.21 相交曲线

在 3D One Plus 用户界面中，将鼠标指针移动到命令工具栏中的【空间曲线描绘】命令 〜 上，在其子菜单中选择【相交曲线】命令 ，可以在工作台中提取两个面相交处的曲线。在工作台中新建两个相交的曲面，如图 4-87 所示。

- 【第一实体】【第二实体】是指用于提取相交曲线的两个曲面，两个曲面的选择顺序不固定，如图 4-88 所示。

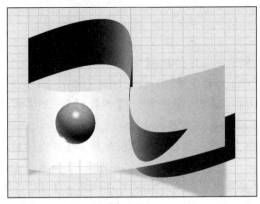
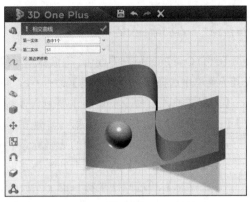

图 4-87   图 4-88

- 【面边界修剪】是指在相交面的边界处修剪新建的相交曲线。

删除两个相交的曲面后可得相交曲线，如图 4-89 所示。

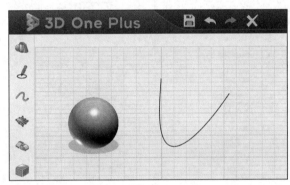

图 4-89

4.22 插入曲线列表

在 3D One Plus 用户界面中，将鼠标指针移动到命令工具栏中的【空间曲线描绘】命令 ∿ 上，在其子菜单中选择【插入曲线列表】命令 ∩，可以在工作台中将实体边线或空间零散曲线组合成曲线组。

- 【曲线】是指组成曲线组的曲线，如图 4-90 所示。

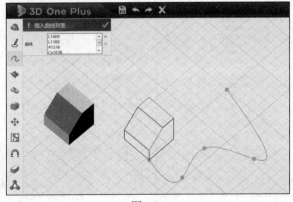

图 4-90

4.23　方程式曲线

在 3D One Plus 用户界面中,将鼠标指针移动到命令工具栏中的【空间曲线描绘】命令 ∿ 上,在其子菜单中选择【方程式曲线】命令 ∿,可以在工作台中通过方程式绘制三维或二维曲线。

【方程式曲线】命令窗口中主要包含【输入方程式】【方程式列表】【参数 t】【三角函数单位】【曲线参数】【选择另一个插入点. 现在是】6 项功能,如图 4-91 所示。

- 【输入方程式】功能中的【坐标系】分为【笛卡儿坐标】【圆柱坐标】【球坐标】。【笛卡儿坐标】通过笛卡儿坐标系的 X、Y、Z 参数生成曲线,如图 4-92 所示。【圆柱坐标】通过圆柱坐标系的 r、$theta$、Z 参数生成曲线,如图 4-93 所示。【球坐标】通过球坐标系的 rho、$theta$、phi 参数生成曲线,如图 4-94 所示。在相应的输入框中输入曲线数据即可绘制曲线。

图 4-91

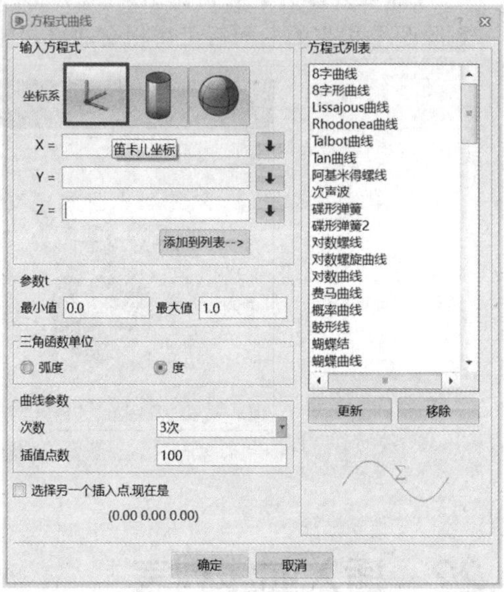

图 4-92

图 4-93

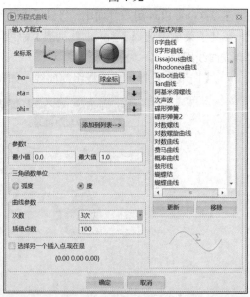

图 4-94

- 【方程式列表】中显示了预定义的所有方程式曲线，如【8字曲线】【概率曲线】等。双击列表中的曲线名，软件会自动加载曲线数据到相应的输入框中，如图4-95所示。

可通过【更新】按钮更新【方程式列表】中指定曲线的数据，可通过【移除】按钮从【方程式列表】中移除指定的曲线，也可通过【添加到列表】按钮添加新的方程式曲线到【方程式列表】中，如图4-96所示。

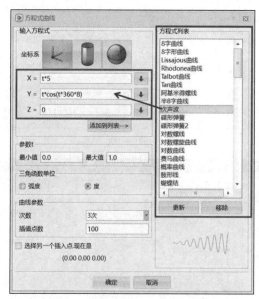

图 4-95

图 4-96

- 【参数t】是指方程式里自变量 t 的取值范围，包括【最小值】【最大值】，如图4-97、图4-98所示。

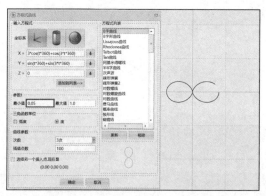

图 4-97

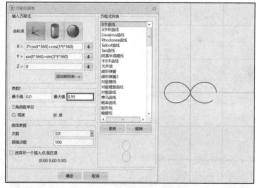

图 4-98

- 【三角函数单位】用于设置采用弧度制或角度制计算三角函数，如图4-99、图4-100所示。
- 【曲线参数】中的【次数】指定曲线的生成次数。次数越少曲线精度越低，需要的存储空间和计算时间越少；次数越多曲线精度越高，需要的存储空间和计算时间越多。【插值点数】是指曲线上的插值点数。实际的插值点数比设置的值多1，【插值点数】的有效值区间为【1,10000】。在生成曲线时插值点数必须大于曲线次数，如图4-101所示。
- 在工作台中绘制方程式曲线时，默认的插入点是原点，即（0.00,0.00,0.00），也可勾选

【选择另一个插入点. 现在是】选项，自定义一个点作为生成曲线的插入点，如图 4-102
所示。

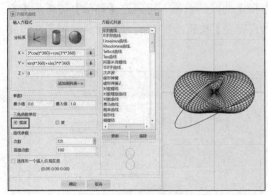

图 4-99

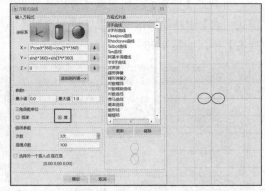

图 4-100

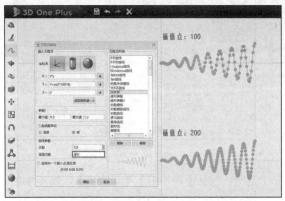

图 4-101

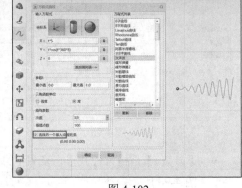

图 4-102

第5章

曲面操作

【学习目标】

- 了解 3D One Plus 中曲面的功能。
- 掌握 3D One Plus 中曲面相关命令的使用方法。
- 能够利用【曲面】命令 ◈ 绘制简单的曲面。
- 能够利用曲面相关命令对曲面进行简单的操作。

曲面可定义实体的外形，它可以是平的也可以是弯的。曲面只有形状，没有厚度。当把多个曲面结合在一起，曲面的边界重合并且曲面之间没有缝隙后，就可以对结合的曲面进行填充，将曲面转化成实体。

5.1 直纹曲面

在 3D One Plus 用户界面中，将鼠标指针移动到命令工具栏中的【曲面】命令 ◈ 上，在其子菜单中选择【直纹曲面】命令 ◈，可以在工作台中根据两条曲线路径间的线性横截面创建一个直纹曲面。在绘制直纹曲面之前，在工作台中绘制两条曲线作为演示辅助，如图 5-1 所示。

在【直纹曲面】命令窗口中，【路径 1】【路径 2】是必选项。

- 【路径 1】【路径 2】是指创建直纹曲面需要的两条曲线，如图 5-2 所示。

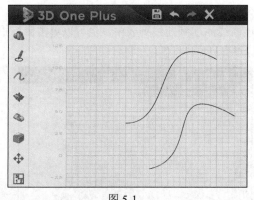
图 5-1

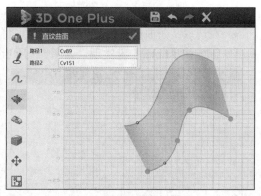
图 5-2

- 在选取曲线时，选择的点不同，直纹曲面的连接方向也不同，如图 5-3 所示。

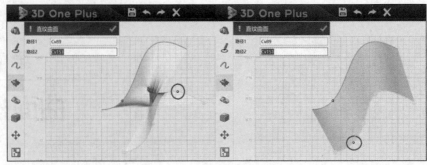

图 5-3

5.2 U/V 曲面

在 3D One Plus 用户界面中，将鼠标指针移动到命令工具栏中的【曲面】命令 🦋 上，在其子菜单中选择【U/V 曲面】命令 🦋，可以在工作台中通过桥接所有的 U 方向和 V 方向的曲线组成的网格，创建一个面。这些曲线可以为草图、线框曲线或面边线，其必须相交，但它们的终点可以不重合。在绘制 U/V 曲面之前，在工作台中绘制多条曲线作为演示辅助，如图 5-4 所示。

在【U/V 曲面】命令窗口中，【U 曲线】和【V 曲线】是必选项。

- 【曲线段】用于选择 U 方向的曲线和 V 方向的曲线，如图 5-5 所示。

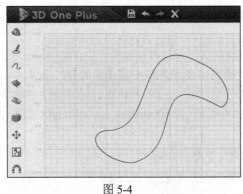
图 5-4

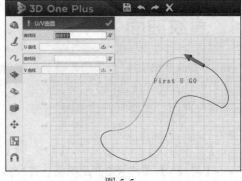
图 5-5

- 单击 ⚟ 图标可改变曲线的方向，如图 5-6 所示。
- 在选取某条曲线后，单击 ⛰ 图标，可将该曲线添加到曲线列表中，也可以单击鼠标中键或按【Enter】键实现，如图 5-7 所示。

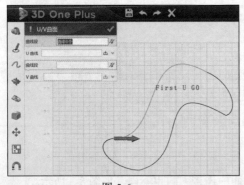
图 5-6

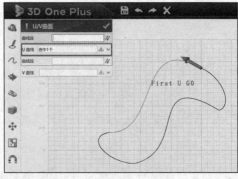
图 5-7

先选择 U 方向的曲线并将其添加到 U 曲线列表中，然后选择 V 方向的曲线并将其添加到
V 曲线列表中，如图 5-8 所示。

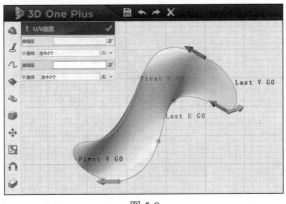

图 5-8

5.3 FEM 面

在 3D One Plus 用户界面中，将鼠标指针移动到命令工具栏中的【曲面】命令 上，在其
子菜单中选择【FEM 面】命令 ，该命令是用一个曲面直接拟合通过边界曲线上点的集合，
然后沿着边界修剪曲面。在绘制 FEM 面之前，在工作台中绘制一组首尾相连的封闭曲线作为
演示辅助，如图 5-9 所示。

在【FEM 面】命令窗口中，【边界】【U 素线次数】【V 素线次数】是必选项。

- 【边界】是指构成 FEM 面的边界曲线。当选择边界曲线时，系统通过回显图形符号，
  表示曲线链的间断性。其中红色三角表示有效的 N 面片的终点，即曲线段接头处不是
  连续相切的；红色正方形表示不相连曲线段的终点。这些图形符号用于提醒用户注意
  可能导致命令执行失败的曲线图形，如图 5-10 所示。

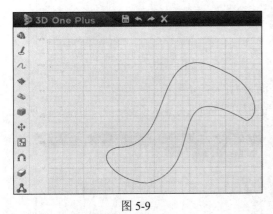

图 5-9

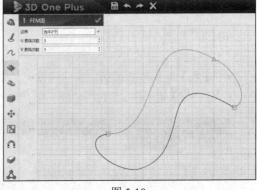

图 5-10

- 【U 素线次数】【V 素线次数】用于指定结果面在 U 和 V 方向上的次数，指的是方程
  式在各个方向上定义的次数。较少次数的面的精确度较低，需要较少的存储空间和计
  算时间，较多次数的面与此相反。一般情况下，这两个参数的默认值为 3，可形成优
  质的面，如图 5-11 所示。

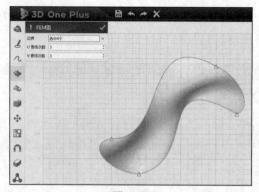

图 5-11

5.4 桥接面

在 3D One Plus 用户界面中,将鼠标指针移动到命令工具栏中的【曲面】命令 上,在其子菜单中选择【桥接面】命令 ,可以在工作台中创建智能圆角面。桥接面可以从曲线到曲线,也可以从曲线到面,也可以从面到面。在使用【桥接面】命令 之前,在工作台中绘制一个六面体和两条曲线或两个面作为演示辅助,下面以曲线为例,如图 5-12 所示。

在【桥接面】命令窗口中,【从】和【到】是必选项,【通过】是可选项。

- 【从】是指桥接的第一条曲线或第一个面,如图 5-13 所示。

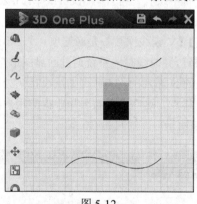

图 5-12

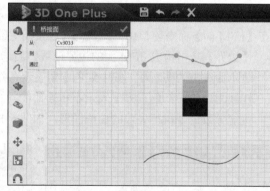

图 5-13

- 【到】是指桥接的第二条曲线或第二个面,如图 5-14 所示。
- 【通过】用于指定穿过的曲线或面,当穿过曲线或面时,将显示预览回应,如图 5-15 所示。

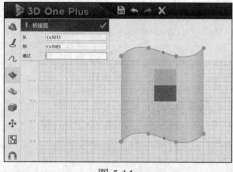

图 5-14

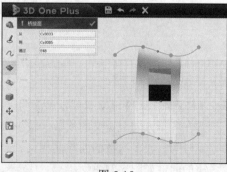

图 5-15

5.5 圆顶

在 3D One Plus 用户界面中，将鼠标指针移动到命令工具栏中的【曲面】命令 💠 上，在其子菜单中选择【圆顶】命令 🔘，可以在工作台中通过已有轮廓创建一个圆顶曲面。在使用【圆顶】命令 🔘 之前，在工作台中绘制矩形草图和一个圆柱体作为演示辅助，如图 5-16 所示。

在【圆顶】命令窗口中，【边界 B】【高度 H】是必选项，【方向】【位置】是可选项。

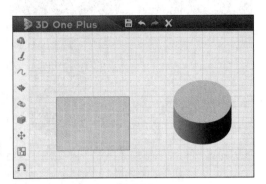

图 5-16

- 【边界 B】是指用于生成圆顶曲面的基础轮廓，该轮廓可以是草图、曲线、边界线或曲线列表，如图 5-17 所示。

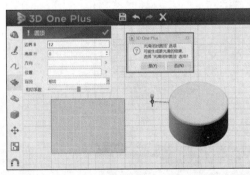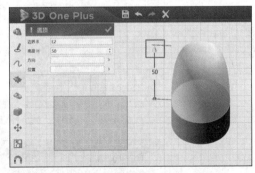

图 5-17

- 【光滑闭封圆顶】用于生成光滑的圆顶，一般情况下单击【是（Y）】按钮，如图 5-18 所示。
- 【高度 H】是指冠顶高度，可以拖动智能手柄设置高度，如图 5-19 所示。

图 5-18   图 5-19

也可以在拖动智能手柄后修改智能手柄间的数值来设置高度，如图 5-20 所示。

还可以在【圆顶】命令窗口的【高度 H】输入框中输入数值来确定高度，如图 5-21 所示。

- 【方向】默认是基础轮廓的垂直方向，也可指定为其他方向，如图 5-22 所示。
- 【位置】用于指定圆顶顶部的位置，如图 5-23 所示。
- 【冠顶】设置为【相切】是指圆顶的冠顶与圆顶的侧边相切，可拖动滑块设置相切系数，如图 5-24 所示。
- 【冠顶】设置为【曲率】是指圆顶的冠顶与圆顶的侧边相切并且曲率连续，可拖动滑块设置冠顶曲率的相切系数，如图 5-25 所示。

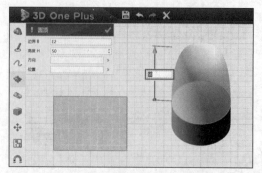

图 5-20

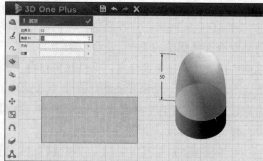

图 5-21

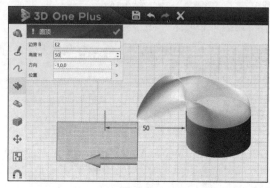

图 5-22

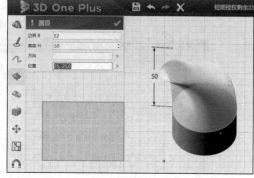

图 5-23

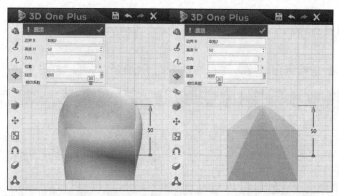

图 5-24

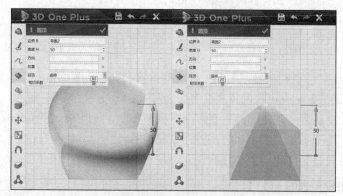

图 5-25

5.6 创建偏移面

在 3D One Plus 用户界面中，将鼠标指针移动到命令工具栏中的【曲面】命令 上，在其子菜单中选择【创建偏移面】命令 ，可以在工作台中通过一个面，以一个特定的距离，创建一个新的偏移面，可以同时偏移多个面。在使用【创建偏移面】命令 之前，在工作台中绘制一个圆柱体作为演示辅助，如图 5-26 所示。

在【创建偏移面】命令窗口中，【面】【偏移】是必选项，【点】【偏移】【列表】是变量偏移项。

- 【面】是指要偏移的面，如图 5-27 所示。

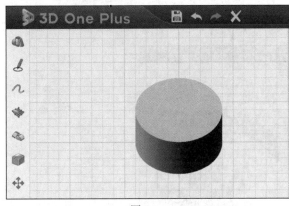

图 5-26

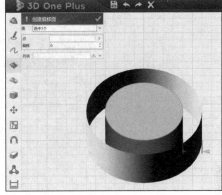

图 5-27

- 【偏移】是指偏移距离，该参数值的正或负决定偏移的方向，如图 5-28 所示。
- 通过【点】可以选择位于所选面上的某个点来设定变量属性，如图 5-29 所示。

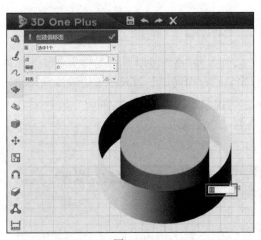

图 5-28

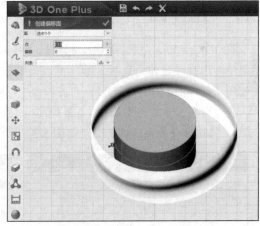

图 5-29

- 【偏移】用于为确定的点指定一个偏移值，如图 5-30 所示。
- 在指定点和偏移值后，该点和对应的偏移值会作为一条记录被加入【列表】中，如图 5-31 所示。

双击【列表】中的记录，可将记录的值填充到对应的字段并对其进行重新编辑，单击 图标可将【列表】中的指定记录删除，如图 5-32 所示。

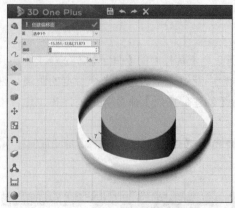

图 5-30

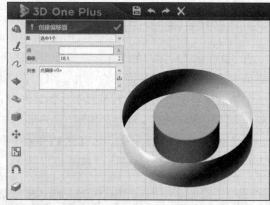

图 5-31

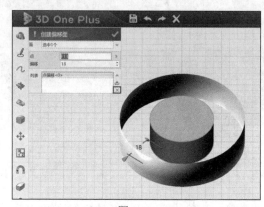

图 5-32

5.7 延伸面

在 3D One Plus 用户界面中，将鼠标指针移动到命令工具栏中的【曲面】命令 ✨ 上，在其子菜单中选择【延伸面】命令 ，可以在工作台中将已有面通过一条或多条边线进行延伸。在使用【延伸面】命令 之前，在工作台中绘制一个曲面作为演示辅助，如图 5-33 所示。

在【延伸面】命令窗口中，【面】【边】【距离】是必选项。

- 【面】是指需延伸的面，如图 5-34 所示。

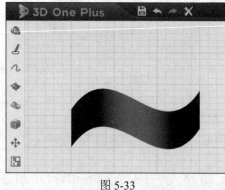

图 5-33

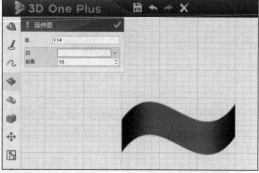

图 5-34

- 【边】是指需延伸的边，可以是多条边，如图 5-35 所示。

- 【距离】是指需延伸或修剪的长度，其值可通过拖动距离箭头进行调整或直接在【延伸面】命令窗口中输入，如图 5-36 所示。

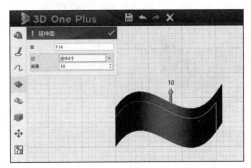

图 5-35

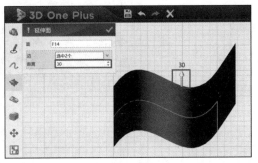

图 5-36

正的【距离】代表延伸的长度，负的【距离】代表修剪的长度，如图 5-37 所示。

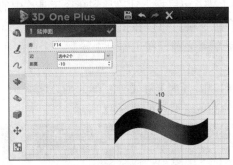

图 5-37

5.8 曲线分割

在 3D One Plus 用户界面中，将鼠标指针移动到命令工具栏中的【曲面】命令 上，在其子菜单中选择【曲线分割】命令 ，可以在工作台中将已有面或造型在一条曲线或曲线的集合处进行分割。在使用【曲线分割】命令 之前，在工作台中绘制一个曲面作为演示辅助，如图 5-38 所示。

在【曲线分割】命令窗口中，【面】【曲线】是必选项。

- 【面】是指要分割的面或造型，如图 5-39 所示。

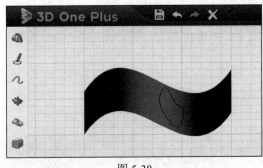

图 5-38

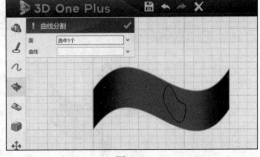

图 5-39

- 【曲线】是指位于面或造型上的用于进行分割操作的曲线，如图 5-40 所示。

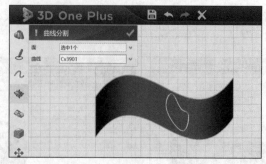

图 5-40

5.9 曲面分割

在 3D One Plus 用户界面中，将鼠标指针移动到命令工具栏中的【曲面】命令 ◈ 上，在其子菜单中选择【曲面分割】命令 ◈，可以在工作台中分割与面、造型或基准面相交的面或造型。在使用【曲面分割】命令 ◈ 之前，在工作台中绘制一个曲面和一个与之相交的曲面作为演示辅助，如图 5-41 所示。

在【曲面分割】命令窗口中，【面】和【分割体】是必选项。

- 【面】是指要分割的面或造型，如图 5-42 所示。

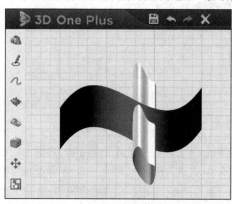

图 5-41

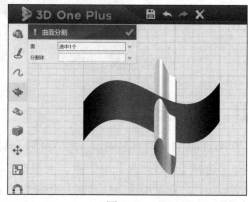

图 5-42

- 【分割体】是指用来分割的面、造型或基准面，它必须和【面】所指定的面或造型相交，如图 5-43 所示。

在上述参数设置完成后，移动分割体就可以查看曲面分割后得到的面或造型，如图 5-44 所示。

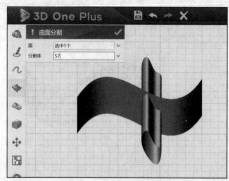

图 5-43

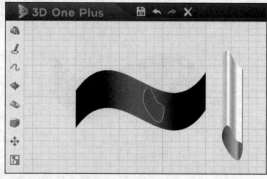

图 5-44

5.10　曲面修剪

　　在 3D One Plus 用户界面中,将鼠标指针移动到命令工具栏中的【曲面】命令 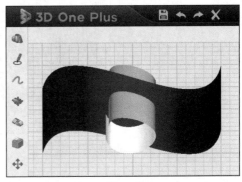 上,在其子菜单中选择【曲面修剪】命令 ,可以在工作台中修剪曲面或造型与其他面、造型或基准面相交的部分。在使用【曲面修剪】命令 之前,在工作台中绘制一个曲面和一个与之相交的曲面或造型作为演示辅助,如图 5-45 所示。

图 5-45

　　在【曲面修剪】命令窗口中,【面】【修剪体】是必选项。

- 【面】是指要修剪的面或造型,如图 5-46 所示。
- 【修剪体】是指用来修剪的面、造型或基准面,它必须和【面】所指定的面或造型相交,如图 5-47 所示。

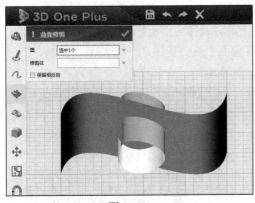

图 5-46

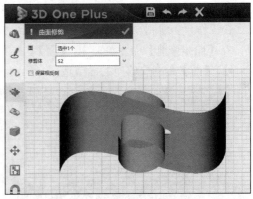

图 5-47

- 在曲面修剪过程中会出现黄色箭头,该箭头用于指示要保留的一侧。勾选【保留相反侧】选项,可以翻转箭头,如图 5-48 所示。

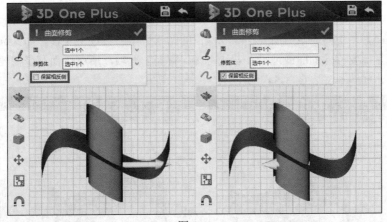

图 5-48

　　在上述参数设置完成后,移动修剪体就可以查看曲面修剪后得到的面或造型,如图 5-49 所示。

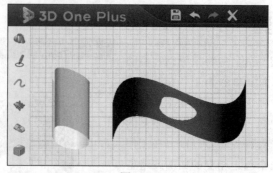

图 5-49

5.11 曲线修剪

在 3D One Plus 用户界面中，将鼠标指针移动到命令工具栏中的【曲面】命令 上，在其子菜单中选择【曲线修剪】命令 ，可以在工作台中用一条曲线或曲线的集合对面或造型进行修剪。曲线可以互相交叉，其分支会从修剪后的面上移除。在使用【曲面修剪】命令 之前，在工作台中绘制一个曲面和一条投影到曲面上的曲线作为演示辅助，如图 5-50 所示。

在【曲线修剪】命令窗口中，【面】【曲线】【侧面】是必选项。

- 【面】是指要修剪的面或造型，如图 5-51 所示。

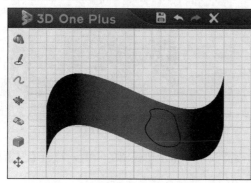
图 5-50

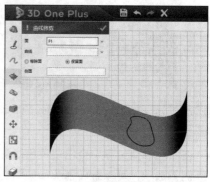
图 5-51

- 【曲线】是指位于面或造型上的用于进行修剪操作的曲线，如图 5-52 所示。
- 【侧面】是指曲线修剪后要移除或保留的面或造型。若选中【移除面】选项，所选侧面则是需要移除的面或造型；若选中【保留面】选项，所选侧面则是需要保留的面或造型，如图 5-53、图 5-54 所示。

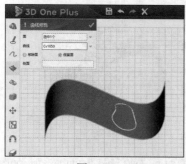
图 5-52

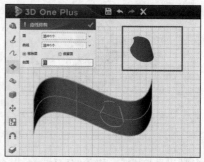
图 5-53

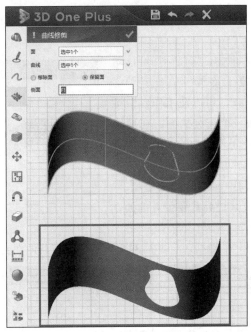

图 5-54

5.12 反转曲面方向

在 3D One Plus 用户界面中，将鼠标指针
移动到命令工具栏中的【曲面】命令 上，在
其子菜单中选择【反转曲面方向】命令 ，可
以在工作台中反转面或造型的法线方向，其中
的箭头用于指示面或造型当前的方向。在使用
【反转曲面方向】命令 之前，在工作台中绘
制一个曲面作为演示辅助，如图 5-55 所示。

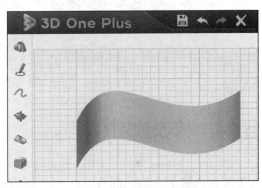

图 5-55

在【反转曲面方向】命令窗口中，【面】是必选项。

- 【面】是指要反转法线方向的曲面或造型，如图 5-56 所示。

曲面有正面和反面之分，蓝色面通常是正面，粉色面通常是反面，如图 5-57 所示。

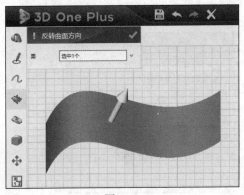

图 5-56

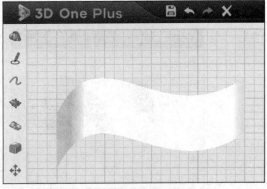

图 5-57

5.13 合并面

在 3D One Plus 用户界面中，将鼠标指针移动
到命令工具栏中的【曲面】命令 上，在其子菜
单中选择【合并面】命令 ，可以在工作台中将
拥有公共边界的面合并成一个连续的面。在使用
【合并面】命令 之前，在工作台中绘制多个拥有
公共边界的曲面作为演示辅助，如图 5-58 所示。

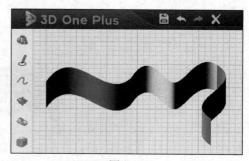

在【合并面】命令窗口中，【面】是必选项。

- 【面】是指拥有公共边界且要合并的面，
  如图 5-59 所示。

图 5-58

这些面不一定属于同一个造型，合并后的面可以继续与其他面合并，如图 5-60 所示。

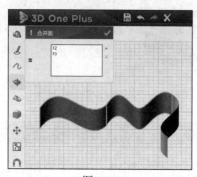

图 5-59

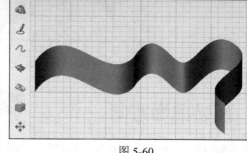

图 5-60

5.14 修改控制点

在 3D One Plus 用户界面中，将鼠标指针移动到命令工具栏中的【曲面】命令 上，在其
子菜单中选择【修改控制点】命令 ，可以在工作台中移动一个或多个面的控制点。在使用
【修改控制点】命令 之前，在工作台中绘制一个曲面作为演示辅助，如图 5-61 所示。

在【修改控制点】命令窗口中，【窗口】是必选项，【光顺】【插入结点】【分析】【素线】
是可选项。

- 【窗口】用于指定要修改的控制点，按住鼠标左键并拖动可框选要修改的控制点，如
  图 5-62 所示。

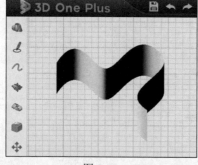

图 5-61

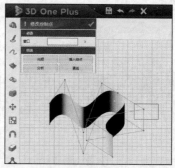

图 5-62

控制点被选中后，其颜色由红色变为橙色，如图 5-63 所示。

- 【光顺】按钮用于对所选控制点应用光顺技术，如图 5-64 所示。

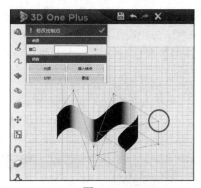

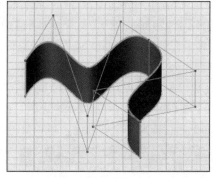

图 5-63   图 5-64

- 【插入结点】按钮用于在所选面上插入一个控制点。在【插入结点】命令窗口中，先选择要修改的结点向量的 U 参数、V 参数或 U&V 参数，然后指定结点值或点值，如图 5-65 所示。
- 单击【分析】按钮可打开【分析面】命令窗口，在该命令窗口中的修改会应用于正在修改的面，如图 5-66 所示。

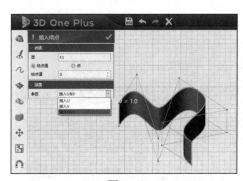

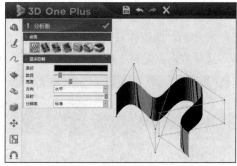

图 5-65   图 5-66

- 【素线】按钮用于指定被修改面的 U、V 参数的数值，即指定【U 素线】和【V 素线】的数值，如图 5-67 所示。

在选中控制点后单击鼠标中键，拖动鼠标调整控制点的位置，单击以确定控制点的新位置，最后单击鼠标中键，完成控制点位置的修改，如图 5-68 所示。

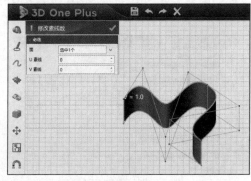

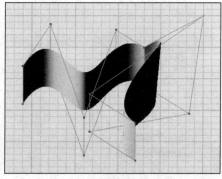

图 5-67   图 5-68

5.15　通过 FEM 拟合方式平滑曲面

在 3D One Plus 用户界面中，将鼠标指针移动到命令工具栏中的【曲面】命令 🔹 上，在其子菜单中选择【通过 FEM 拟合方式平滑曲面】命令 🔻，可以在工作台中使一个或多个 NURBS 曲面变得平滑。在使用【通过 FEM 拟合方式平滑曲面】命令 🔻 之前，在工作台中绘制一个凹凸不平的曲面作为演示辅助，如图 5-69 所示。

在【通过 FEM 拟合方式平滑曲面】命令窗口中，【面】是必选项，【U 素线次数】【V 素线次数】【U 方向】【指定采样密度】【公差】【缝合实体】【边界相切】【合并选定的面】是可选项。

- 【面】是指需要平滑的曲面，可以是一个曲面或一系列曲面，如图 5-70 所示。

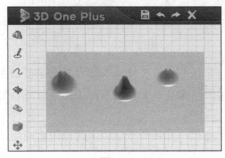 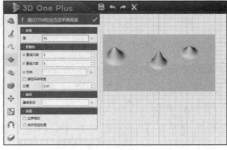

图 5-69　　　　　　　　　　　　　　　　图 5-70

- 【U 素线次数】【V 素线次数】是指曲面的生成次数，减小该数值通常会生成更简单的曲面，如图 5-71 所示。
- 【U 方向】是指生成的曲面的 U 参数的方向，如图 5-72 所示。

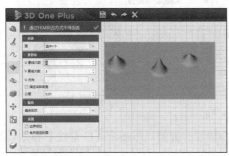 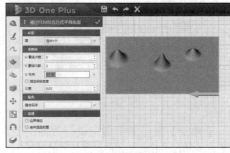

图 5-71　　　　　　　　　　　　　　　　图 5-72

- 【指定采样密度】用于指定拟合曲面的采样密度，勾选此选项后，在【密度】输入框中输入密度值即可。密度越大，整个造型变化就越少，如图 5-73 所示；密度越小，整个造型变化就越多，如图 5-74 所示。

 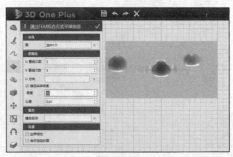

图 5-73　　　　　　　　　　　　　　　　图 5-74

- 【公差】是指生成的曲面与原始几何造型之间的容许偏差，如图 5-75 所示。
- 【缝合实体】用于将曲面缝合成实体。
- 勾选【边界相切】选项，可沿着生成的曲面的边界强制相切，使曲面的边界保持连续性。
- 勾选【合并选定的面】选项，可合并通过 FEM 拟合方式平滑的曲面。

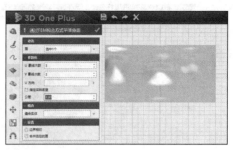

图 5-75

5.16　缝合

在 3D One Plus 用户界面中，将鼠标指针移动到命令工具栏中的【曲面】命令 上，在其子菜单中选择【缝合】命令 ，可以在工作台中缝合两个或多个面来创建一个新造型。面的边缘必须相接才能缝合（即自由边的间隙不能超过缝合的公差）。在使用【缝合】命令 之前，在工作台中绘制多个边缘相接的曲面作为演示辅助，如图 5-76 所示。

在【缝合】命令窗口中，【面】【公差】是必选项，【启用多边匹配】【将对象强制缝合为实体】是可选项。

图 5-76

- 【面】是指要缝合的面，如图 5-77 所示。
- 【公差】是指缝合面之间的容许偏差。如果在缝合操作完成后还存在不匹配的面，软件会建议用户使用更大的公差来缝合零件，如果软件认为指定的公差比默认公差大很多，会显示信息以建议用户修复零件的外形。例如面 S22 和面 S27 之间是有缝隙的，且默认公差 0.01 无法完成缝合操作，如图 5-78 所示。

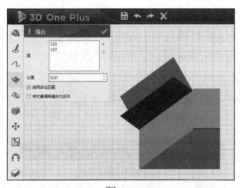

图 5-77

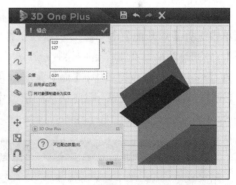

图 5-78

将【公差】的值调整为 2，就可以将存在间隙的面 S22 和面 S27 缝合，如图 5-79 所示。

- 若勾选【启用多边匹配】选项，软件会尝试寻找最佳的方法来缝合面，从而生成有效的造型。如果要生成一个有效的实体，共用一条边的面不能超过两个。勾选此选项后，在进行缝合操作时，如果发现共用一条边的面多于两个，软件会跳过这条边，留待后续手动处理。例如面 S26、面 S28、面 S29 存在一条共用的边，若不勾选【启用多边匹配】选项，缝合会失败，如图 5-80 所示。

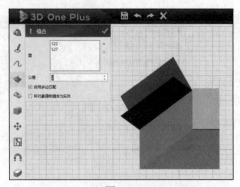
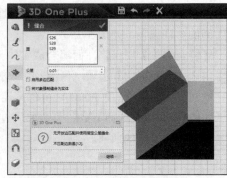

图 5-79   图 5-80

若勾选【启用多边匹配】选项，软件会跳过这条边完成缝合，如图 5-81 所示。

- 【将对象强制缝合为实体】用于把面强制缝合为一个实体，如图 5-82 所示。

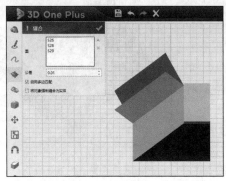
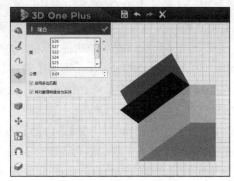

图 5-81   图 5-82

5.17 炸开面

在 3D One Plus 用户界面中，将鼠标指针移动到命令工具栏中的【曲面】命令 ◆ 上，在其子菜单中选择【炸开面】命令 ✏，可以在工作台中从基础造型中炸开（分离）面。在使用【炸开面】命令 ✏ 之前，在工作台中绘制一个六面体作为演示辅助，如图 5-83 所示。

在【炸开面】命令窗口中，【面】是必选项。

【面】是指要炸开的面，即要从基础造型中分离出来的面，可以是一个，也可以是多个，如图 5-84 所示。

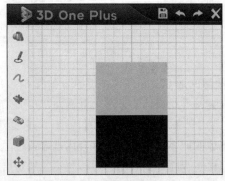
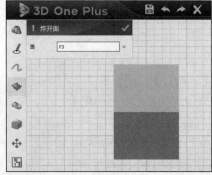

图 5-83   图 5-84

通过炸开面操作就可以从六面体中分离出指定的面，如图 5-85 所示。

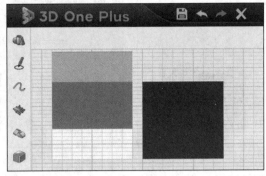

图 5-85

5.18 缝合边缝隙

在 3D One Plus 用户界面中，将鼠标指针移动
到命令工具栏中的【曲面】命令 🔷 上，在其子菜
单中选择【缝合边缝隙】命令 🔧，可以在工作台中缝
合两组面的边。在使用【缝合边缝隙】命令 🔧 之前，
在工作台中绘制一个有缺口的曲面造型作为演示辅
助，如图 5-86 所示。

在【缝合边缝隙】命令窗口中，【边 1】【边 2】
是必选项，【公差】【曲线】【选择边列表】是可选项。

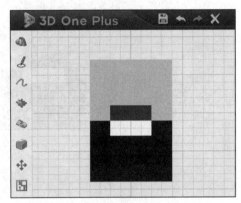

图 5-86

- 【边 1】【边 2】是指要缝合的存在间隙的边，如图 5-87 所示。

【边 1】【边 2】选择的顺序不同会产生不同的缝合效果。例如，若【边 1】为 E60、【边 2】
为 E56，缝合的效果如图 5-88 所示。

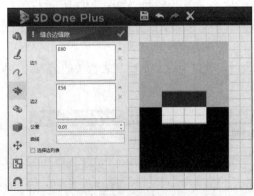

图 5-87

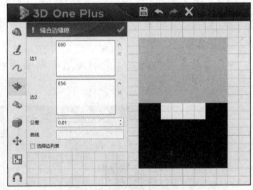

图 5-88

若【边 1】为 E56、【边 2】为 E60，缝合的效果如图 5-89 所示。
- 【公差】是指要缝合的边之间的容许偏差，如图 5-90 所示。
- 【曲线】用于在缝合时计算新边的曲线，如图 5-91 所示。
- 在勾选【选择边列表】选项后，每个输入都可能形成边的列表，需要单击鼠标中键终
  止列表，如图 5-92 所示。默认不勾选此选项。

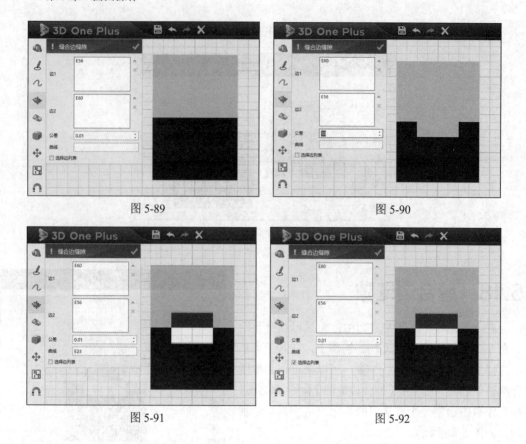

图 5-89   图 5-90

图 5-91   图 5-92

5.19 填充缝隙

在 3D One Plus 用户界面中，将鼠标指针移动到命令工具栏中的【曲面】命令 ❖ 上，在其子菜单中选择【填充缝隙】命令 ✑，可以在工作台中填充曲面之间的缝隙。在使用【填充缝隙】命令 ✑ 之前，在工作台中绘制一个有缺口的曲面造型作为演示辅助，如图 5-93 所示。

在【填充缝隙】命令窗口中，【边】是必选项，【缝合实体】【缝隙边界相切】【拟合】【公差】是可选项。

- 【边】是指面之间的缝隙边，单击某一边后，软件会自动选中与之相关的缝隙边，如图 5-94 所示。

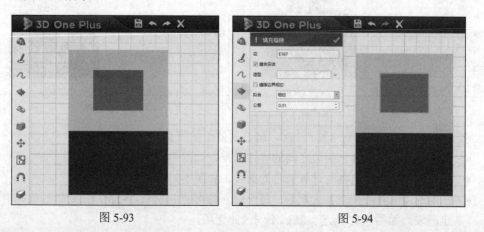

图 5-93   图 5-94

- 【缝合实体】用于将曲面缝合成实体，如图 5-95 所示。
- 【缝隙边界相切】用于强制缝隙边界边与相邻面保持相切式连续，如图 5-96 所示。

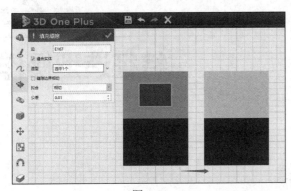
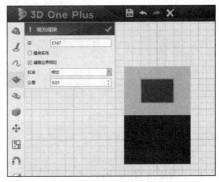

图 5-95   图 5-96

- 【拟合】用于重新调整曲线以避免异常的特征出现，例如折痕。【拟合】下拉列表中包括【无】【相切】【曲率】3 个选项，如图 5-97 所示。

【无】是指不重新调整曲线；【相切】是指重新调整曲线使其保持相切连续；【曲率】是指重新调整曲线使其保持曲率与相切连续。

- 【公差】是指要填充的缝隙边之间的容许偏差，如图 5-98 所示。

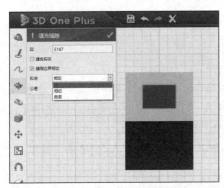
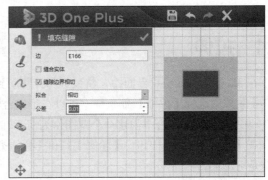

图 5-97   图 5-98

第 6 章

特征造型操作

【学习目标】

- 了解 3D One Plus 中特征造型的功能。
- 掌握 3D One Plus 中特征造型相关命令的使用方法。
- 能够利用【特征造型】命令 ⬡ 修改造型。
- 能够利用【特征造型】命令 ⬡ 对造型进行简单的操作。

特征造型功能包含根据草图生成实体模型的命令，在使用这些命令前，需要准备好草图。在使用这些命令时，只需选择要设计造型的草图，鼠标指针周围会自动显示可用的造型特征功能的图标，以供选择。

6.1 拉伸

在 3D One Plus 用户界面中，将鼠标指针移动到命令工具栏中的【特征造型】命令 ⬡ 上，在其子菜单中选择【拉伸】命令 ⬡，可以在工作台中将已有草图拉伸成实体。在使用【拉伸】命令 ⬡ 之前，在工作台中创建一个草图作为演示辅助，如图 6-1 所示。

在【拉伸】命令窗口中，【轮廓 P】和【拉伸类型】是必选项，【方向】【子区域】和布尔运算是可选项。

- 【轮廓 P】用于指定要拉伸的轮廓，可以是面、线框几何图形、面边界等，可单击鼠标中键直接创建特征草图。如图 6-2 所示。

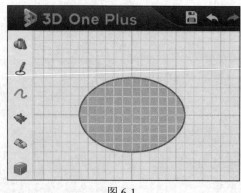

图 6-1

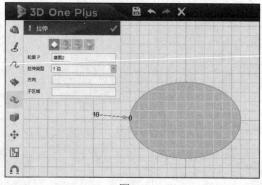

图 6-2

- 【拉伸类型】用于指定拉伸的方式，包括【1 边】【2 边】【对称】3 种方式，如图 6-3 所示。

【1 边】是指拉伸的起始点默认为所选的轮廓位置，可以定义拉伸的结束点来确定拉伸的
长度，如图 6-4 所示。

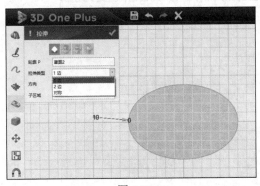 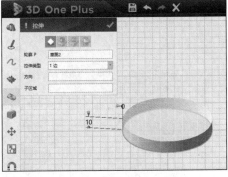

图 6-3 图 6-4

【2 边】是指通过定义拉伸的起始点和结束点来确定拉伸的长度，如图 6-5 所示。

【对称】是指在拉伸一边的基础上在反方向上拉伸同样的长度，如图 6-6 所示。

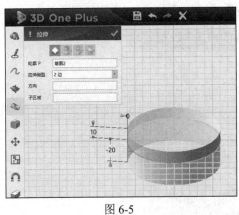 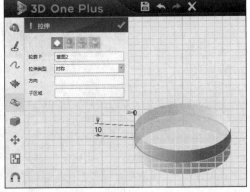

图 6-5 图 6-6

- 【方向】用于指定拉伸的方向，如图 6-7 所示。

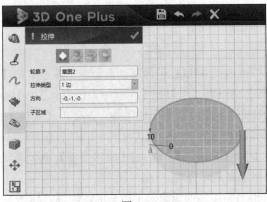

图 6-7

- 【子区域】用于指定要进行拉伸的草图中的闭合区域，在选择闭合区域后，再次单击
  所选区域可取消选择。
- 【拔模角度】用于指定拉伸时改变拔模的角度，可以是正值或负值。一般情况下，若为正

值则特征沿拉伸的正方向增大，若为负值则特征沿拉伸的正方向减小，如图 6-8 所示。

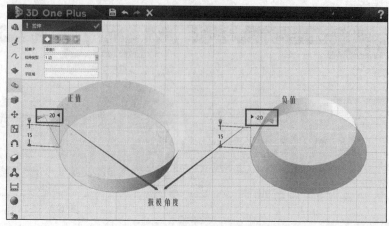

图 6-8

- 布尔运算用于指定布尔运算和进行布尔运算的造型，默认情况下不指定布尔运算。布尔运算包括【基体】【加运算】【减运算】【交运算】4 种，如图 6-9 所示。

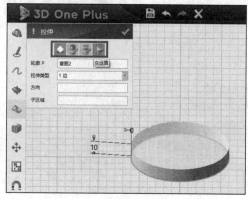

图 6-9

6.2 旋转

在 3D One Plus 用户界面中，将鼠标指针移动到命令工具栏中的【特征造型】命令 🖇 上，在其子菜单中选择【旋转】命令 🔩，可以在工作台中将已有草图旋转成实体。【旋转】命令 🔩 用于将草图绕轴旋转一圈或一定角度从而形成实体。在使用【旋转】命令 🔩 之前，在工作台中创建一个几何草图作为演示辅助，如图 6-10 所示。

在【旋转】命令窗口中，【轮廓 P】【轴 A】【旋转类型】是必选项，【起始角度 S】【结束角度 E】【子区域】和布尔运算是可选项。

- 【轮廓 P】用于指定要旋转的轮廓，可以是面、线框几何图形、面边界等，可单击鼠标中键直接创建特征草图，如图 6-11 所示。
- 【轴 A】用于指定旋转轴，可以是轮廓中的某一条线，如图 6-12 所示。
- 【旋转类型】用于指定旋转的方式，包括【1 边】【2 边】【对称】3 种方式，如图 6-13 所示。

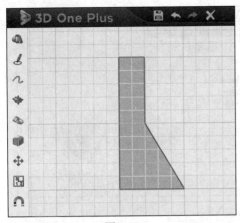

图 6-10

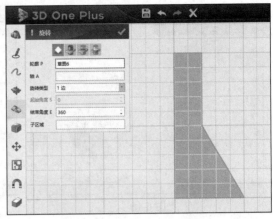

图 6-11

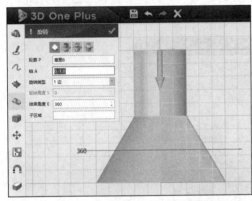

图 6-12

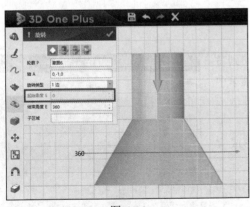

图 6-13

【1边】只能指定旋转的【结束角度 E】,【起始角度 S】是不可指定的,如图 6-14 所示。

【2边】可以指定旋转的【起始角度 S】和【结束角度 E】,如图 6-15 所示。

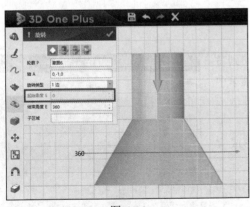

图 6-14

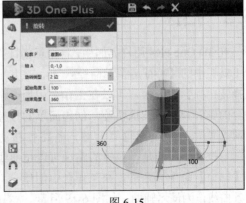

图 6-15

【对称】是指在旋转一边的基础上在反方向上旋转同样的角度,如图 6-16 所示。

- 【起始角度 S】【结束角度 E】分别指旋转的起始角度和结束角度。可在【旋转】命令窗口中输入精确的值或拖动智能手柄以设置角度,如图 6-17 所示。

- 【子区域】用于指定要进行旋转的草图中的闭合区域,在选择闭合区域后,再次单击所选区域可取消选择。

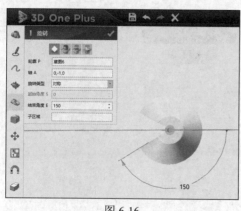

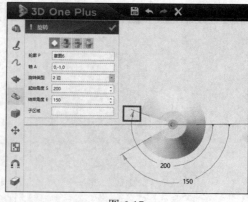

图 6-16　　　　　　　　　　　　　　　　图 6-17

- 布尔运算用于指定布尔运算和进行布尔运算的造型，默认情况下不指定布尔运算。布尔运算包括【基体】【加运算】【减运算】【交运算】4 种，如图 6-18 所示。

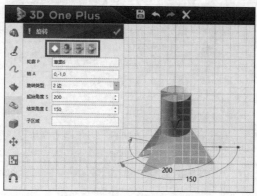

图 6-18

6.3　扫掠

在 3D One Plus 用户界面中，将鼠标指针移动到命令工具栏中的【特征造型】命令 上，在其子菜单中选择【扫掠】命令 ，可以在工作台中用一个开放或闭合的轮廓和一条扫掠轨迹，创建简单的扫掠。扫掠实质上就是一个草图轮廓沿着一条路径移动形成实体。与拉伸不同的是，扫掠的路径可以是曲线。在使用【扫掠】命令 之前，在工作台中创建一个草图和一条曲线作为演示辅助，如图 6-19 所示。

在【扫掠】命令窗口中，【轮廓 P1】【路径 P2】是必选项，【坐标】【Z 轴脊线】【X 轴方向】和布尔运算是可选项。

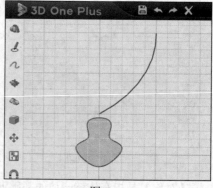

图 6-19

- 【轮廓 P1】用于指定要扫掠的轮廓，可以是线框几何体、面边线，以及开放或封闭的造型，如图 6-20 所示。
- 【路径 P2】用于指定轮廓扫掠的路径，可以是线框、边或草图几何体，扫掠的路径必须是相切且连续的，如图 6-21 所示。

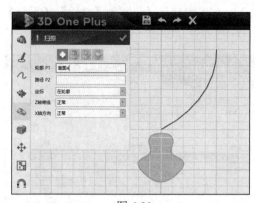

图 6-20

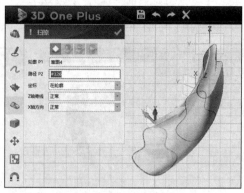

图 6-21

- 【坐标】用于对扫掠过程中使用的参考坐标系进行定义，其下拉列表中包括【正常】
  【在轮廓】【在路径】【选定】4 个选项，如图 6-22 所示。

【正常】是指使用轮廓的默认参考坐标系，如图 6-23 所示。

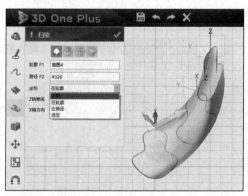

图 6-22

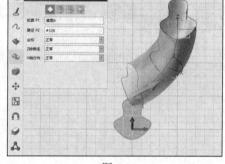

图 6-23

【在轮廓】是指参考坐标系建立在轮廓平面与扫掠曲线的交点上。如果两者不相交，将参考坐标系建立在扫掠路径的起始点上，该选项为默认选项，如图 6-24 所示。

【在路径】是指参考坐标系位于扫掠路径的起始点，如图 6-25 所示。

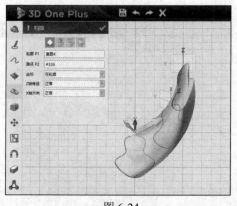

图 6-24

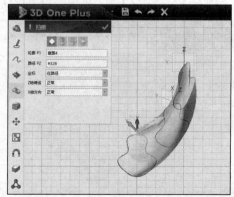

图 6-25

【选定】是指系统会提示选择一个基准面或零件面，它的默认参考坐标系用于控制扫掠，如图 6-26 所示。

- 【Z 轴脊线】用于控制 Z 轴的方向，其下拉列表中包括【正常】【脊线】【平行】3 个选项，如图 6-27 所示。

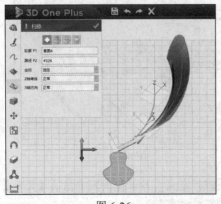

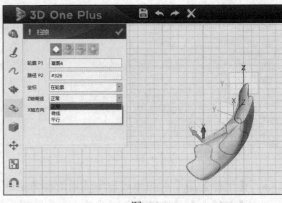

图 6-26　　　　　　　　　　　　　　　　　　图 6-27

【正常】是指 Z 轴与路径的切线方向同向，该选项为默认选项，如图 6-28 所示。

【脊线】是指 Z 轴与选择的曲线的切线方向同向，如图 6-29 所示。

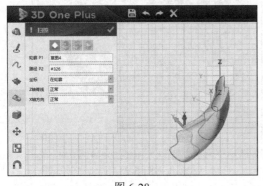

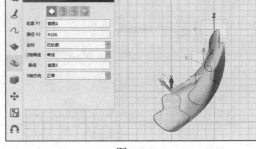

图 6-28　　　　　　　　　　　　　　　　　　图 6-29

【平行】是指 Z 轴平行于选定的方向，如图 6-30 所示。

- 【X 轴方向】用于控制扫掠过程中 X 轴的方向，其下拉列表中包括【正常】【引导平面】【X 轴曲线】3 个选项，如图 6-31 所示。

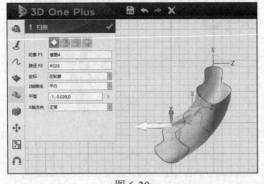

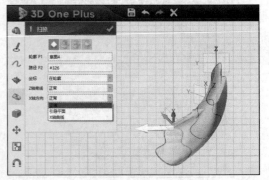

图 6-30　　　　　　　　　　　　　　　　　　图 6-31

【正常】用于将 X 轴限制为最小旋转，该选项为默认选项，如图 6-32 所示。

【引导平面】用于将 Z 轴方向固定为扫掠路径的切线方向，如图 6-33 所示。

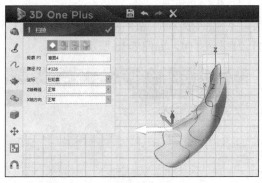

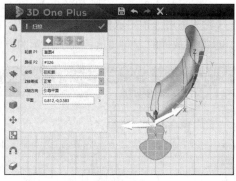

图 6-32 图 6-33

【X 轴曲线】用于指定 X 轴方向是从局部坐标系的原点到局部坐标系的 XY 平面与所选曲线的交点，如图 6-34 所示。

- 布尔运算用于指定布尔运算和进行布尔运算的造型，默认情况下不指定布尔运算。布尔运算包括【基体】【加运算】【减运算】【交运算】4 种，如图 6-35 所示。

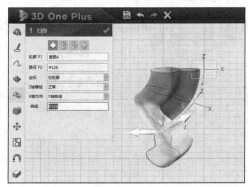

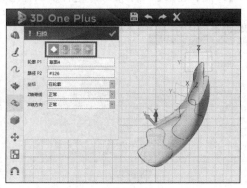

图 6-34 图 6-35

6.4 放样

在 3D One Plus 用户界面中，将鼠标指针移动到命令工具栏中的【特征造型】命令 上，在其子菜单中选择【放样】命令 ，可以在工作台中链接多个封闭的草图轮廓来生成一个封闭实体。若用于放样的草图轮廓有两个以上，那么需要根据设计意图依次选择草图轮廓，确定好各轮廓的起始点、链接线，否则会出错或产生不理想的效果。在使用【放样】命令 之前，在工作台中创建多个草图轮廓作为演示辅助，如图 6-36 所示。

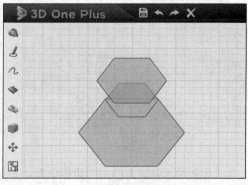

图 6-36

在【放样】命令窗口中，【放样类型】【轮廓 P】【起点】【终点】是必选项，【连续方式】和布尔运算是可选项。

- 【放样类型】是指放样的方法，其下拉列表中包括【轮廓】【起点和轮廓】【终点和轮廓】【起点、轮廓和终点】4 个选项，如图 6-37 所示。

　　【轮廓】用于指定放样所需的草图轮廓，可以是曲线或边等。按照需要的放样顺序选择轮廓，以确保放样的方向（黄色箭头指示的方向）为同一方向，如图 6-38 所示。

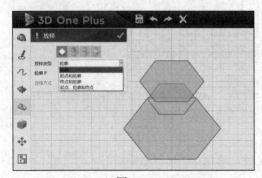
图 6-37

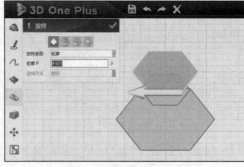
图 6-38

　　【起点和轮廓】用于选择放样的起点并按顺序选择要放样的轮廓，如图 6-39 所示。

　　【终点和轮廓】用于按顺序选择要放样的轮廓并选择放样的终点，如图 6-40 所示。

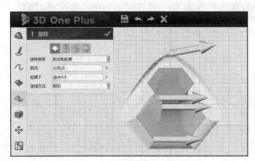
图 6-39

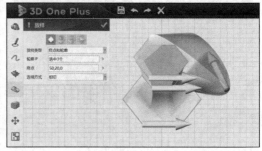
图 6-40

　　【起点、轮廓和终点】用于选择放样的起点和终点，以及要放样的轮廓，如图 6-41 所示。

- 【连续方式】用于在放样的两端指定连续性级别，其下拉列表中包括【无】【相切】【曲率】3 个选项，如图 6-42 所示。

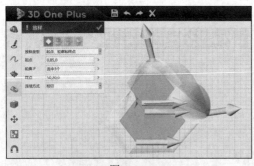
图 6-41

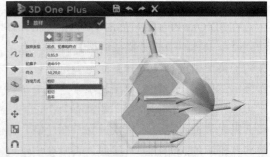
图 6-42

　　【无】用于强制放样两端边线位置，如图 6-43 所示。

　　【相切】用于强制放样两端边线位置，并使放样与两端边线的面相切连续，如图 6-44 所示。

　　【曲率】用于强制放样两端边线位置，并使放样与两端边线的面相切连续，且曲率连续，如图 6-45 所示。

- 布尔运算用于指定布尔运算和进行布尔运算的造型，默认情况下不指定布尔运算。布尔运算包括【基体】【加运算】【减运算】【交运算】4 种，如图 6-46 所示。

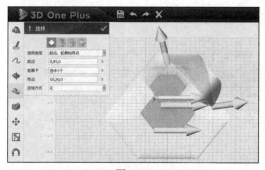

图 6-43

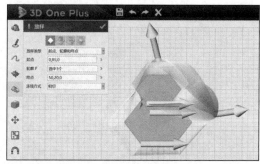

图 6-44

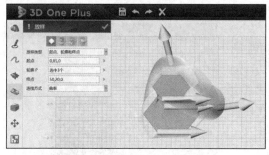

图 6-45

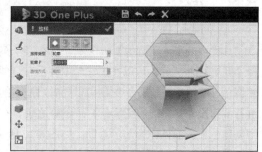

图 6-46

6.5 圆角

在 3D One Plus 用户界面中，将鼠标指针移动到命令工具栏中的【特征造型】命令 上，在其子菜单中选择【圆角】命令 ，可以在工作台中为已有造型边线创建圆角。使用【圆角】命令 可以同时对造型的多条边进行圆角操作。在使用【圆角】命令 之前，在工作台中创建一个六面体作为演示辅助，如图 6-47 所示。

在【圆角】命令窗口中，【边 E】是必选项。

- 【边 E】是指要进行圆角操作的边，如图 6-48 所示。

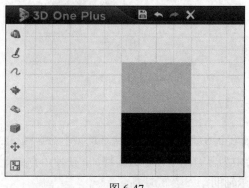

图 6-47

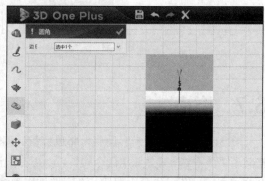

图 6-48

- 圆角的半径，可直接拖动智能手柄或修改智能手柄间的数值来调整，如图 6-49 所示。

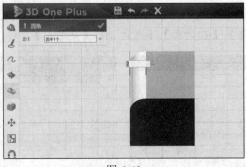

图 6-49

6.6　倒角

在 3D One Plus 用户界面中，将鼠标指针移动到命令工具栏中的【特征造型】命令🐟上，在其子菜单中选择【倒角】命令◈，可以在工作台中为已有造型边线创建倒角。使用【倒角】命令◈可以同时对造型的多条边进行倒角操作。在使用【倒角】命令◈之前，在工作台中创建一个六面体作为演示辅助，如图 6-50 所示。

在【圆角】命令窗口中，【边 E】是必选项。

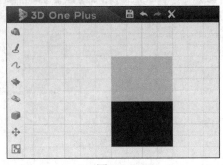

图 6-50

- 【边 E】用于指定要进行倒角操作的边，如图 6-51 所示。
- 倒角的距离即从倒角的边到新生成的三角形边的距离，可直接拖动智能手柄或修改智能手柄间的数值来调整倒角的距离，如图 6-52 所示。

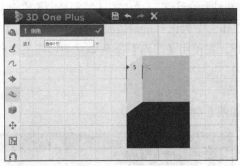

图 6-51

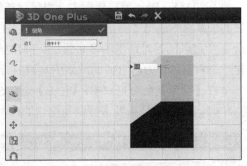

图 6-52

6.7　拔模

在 3D One Plus 用户界面中，将鼠标指针移动到命令工具栏中的【特征造型】命令🐟上，在其子菜单中选择【拔模】命令🗾，可以在工作台中为已有造型创建拔模特征。在使用【拔模】命令🗾之前，在工作台中创建一个圆柱体作为演示辅助，如图 6-53 所示。

在【拔模】命令窗口中，【拔模体 D】【角度 A】【方向 P】是必选项。

- 【拔模体 D】用于指定需要拔模的实体，当有多个实体需要拔模时，这些实体必须是相同类型的。实体过滤器会自动约束后续选择的实体的类型与第一次选择的实体的类型相同，如图 6-54 所示。

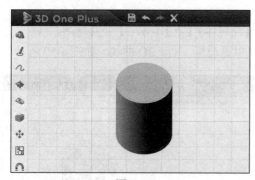
图 6-53

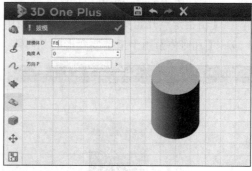
图 6-54

- 【角度 A】用于指定拔模的角度，如图 6-55 所示。
- 【方向 P】用于指定拔模的方向，默认方向是局部坐标系的 Z 轴的正方向，其值可以通过【平面坐标轴】命令窗口进行修改，如图 6-56 所示。

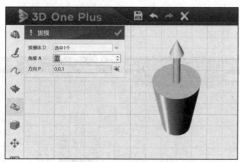

图 6-55

图 6-56

【平面坐标轴】命令窗口中的【轴】下拉列表中包括【X 轴】【Y 轴】【Z 轴】【X 轴负半轴】【Y 轴负半轴】【Z 轴负半轴】6 个方向选项，如图 6-57 所示。

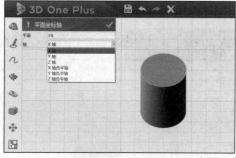
图 6-57

6.8　由指定点开始变形实体

在 3D One Plus 用户界面中，将鼠标指针移动到命令工具栏中的【特征造型】命令 上，在其子菜单中选择【由指定点开始变形实体】命令 ，可以在工作台中通过改变已有造型的面的几何造型来实现变形。【由指定点开始变形实体】命令☞通过抓取面上的一个点并采用指定的方式拖动这个点进行变形。在使用【由指定点开始变形实体】命令☞之前，在工作台中创建一个圆柱体作为演示辅助，如图 6-58 所示。

在【由指定点开始变形实体】命令窗口中，【几何体】【点】【方向】是必选项。

- 【几何体】用于指定要变形的几何体，可以是造型、面、3D 曲线，如图 6-59 所示。

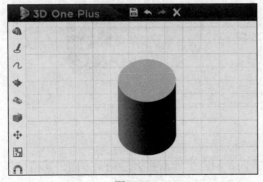 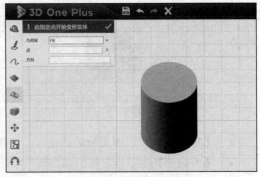

图 6-58   图 6-59

- 【点】用于指定要变形的点，必须位于要变形的造型上，如图 6-60 所示。
- 【方向】用于指定变形的方向，如图 6-61 所示。

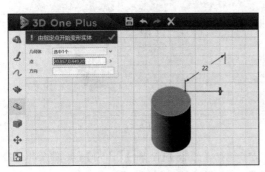 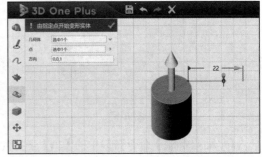

图 6-60   图 6-61

- 变形的距离可直接拖动智能手柄或修改智能手柄间的数值来调整，如图 6-62 所示。

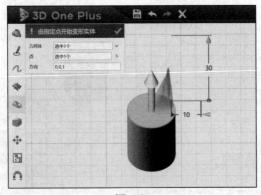

图 6-62

第 *7* 章

特殊功能操作

【学习目标】

- 了解 3D One Plus 中特殊功能的作用。
- 掌握 3D One Plus 中特殊功能相关命令的使用方法。
- 能够利用【特殊功能】命令 修改造型。
- 能够利用【特殊功能】命令 对造型进行简单的操作。

特殊功能主要用于实现曲面造型或实体变形等，例如，可以快速在模型中插入电子件，自动实现对零部件模型的挖槽、放置；可以根据实际需要自由调整零部件的摆放方向及角度，并为电子件的插入预留足够的位置，以迅速实现想要的效果。

7.1 抽壳

在 3D One Plus 用户界面中，将鼠标指针移动到命令工具栏中的【特殊功能】命令 上，在其子菜单中选择【抽壳】命令 ，可以在工作台中为已有造型创建抽壳特征。在使用【抽壳】命令 之前，在工作台中创建一个六面体作为演示辅助，如图 7-1 所示。

在【抽壳】命令窗口中，【造型 S】【厚度 T】是必选项，【开放面 O】是可选项。

- 【造型 S】用于指定要进行抽壳操作的造型，如图 7-2 所示。

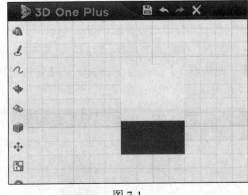

图 7-1

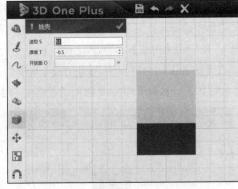

图 7-2

- 【厚度 T】用于指定抽壳的厚度，厚度的参数包括正参数和负参数。

正参数用于在造型外围生成一个指定厚度的外壳，使造型的尺寸变大，如图 7-3 所示。

负参数用于在造型内部生成一个指定厚度的外壳，造型的尺寸不变，如图 7-4 所示。

- 【开放面 O】是指造型开口的面，选择要删除的面即可，如图 7-5 所示。

开放面也可不设置，不设置开放面的抽壳可让造型变为空心，在【消隐】模式下可查看造型内部的结构，如图 7-6 所示。

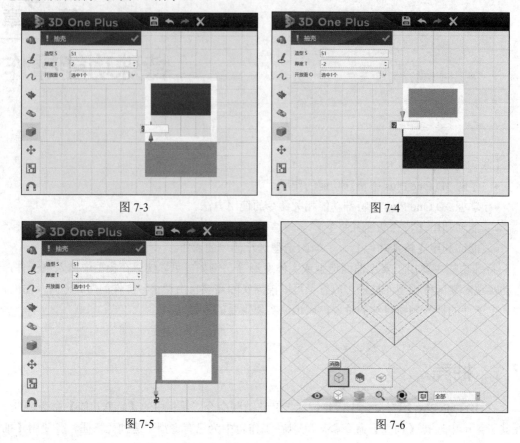

图 7-3　　　　　　　　　　　　　　　　图 7-4

图 7-5　　　　　　　　　　　　　　　　图 7-6

7.2　扭曲

在 3D One Plus 用户界面中，将鼠标指针移动到命令工具栏中的【特殊功能】命令 🍩 上，在其子菜单中选择【扭曲】命令 ✒️，可以在工作台中将已有实体沿着特定的轴扭曲（扭曲又称螺旋折弯）。在使用【扭曲】命令 ✒️ 之前，在工作台中创建一个六面体作为演示辅助，如图 7-7 所示。

在【扭曲】命令窗口中，【造型】【基准面】【扭曲角度 T】是必选项，【中心点】是可选项。

- 【造型】用于指定要扭曲的造型，如图 7-8 所示。

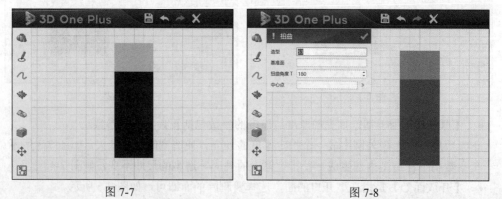

图 7-7　　　　　　　　　　　　　　　　图 7-8

- 【基准面】用于指定一个平面，以定义要扭曲的几何体的 *XY* 坐标系，如图 7-9 所示。
- 【扭曲角度 T】用于指定扭曲的最大旋转角度，如图 7-10 所示。

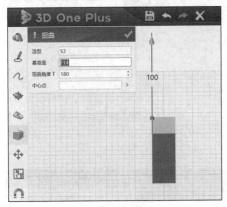
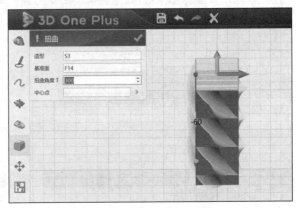

图 7-9   图 7-10

- 扭曲的范围即指定平面到基准面的距离，可直接拖动智能手柄或修改智能手柄间的数值调整扭曲的范围，如图 7-11 所示。
- 【中心点】用于指定扭曲的中心点，默认是基准面的中心点，如图 7-12 所示。

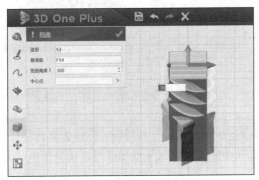
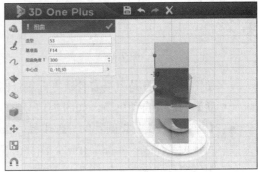

图 7-11   图 7-12

7.3 圆环折弯

在 3D One Plus 用户界面中，将鼠标指针移动到命令工具栏中的【特殊功能】命令 █ 上，在其子菜单中选择【圆环折弯】命令 █，可以在工作台中将实体根据圆环、球体或者椭球体进行折弯。在使用【圆环折弯】命令 █ 之前，在工作台中创建一个六面体作为演示辅助，如图 7-13 所示。

在【圆环折弯】命令窗口中，【造型】【基准面】【管道半径】【管道角度】【环形角度】等是必选项，【旋转】是可选项。

- 【造型】用于指定要进行圆环折弯操作的造型，如图 7-14 所示。
- 【基准面】用于指定一个平面，以定义要进行圆环折弯的造型的 *XY* 坐标系及圆环的位置，如图 7-15 所示。
- 【管道半径】是指圆环管道的半径。当修改管道角度时，【管道半径】的值会自动更新，可直接拖动智能手柄或修改智能手柄间的数值调整管道半径，如图 7-16 所示。

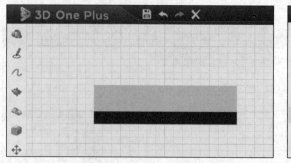 

图 7-13　　　　　　　　　　　　　　　　图 7-14

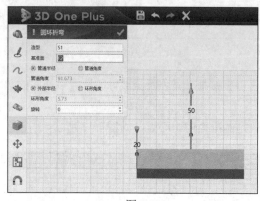 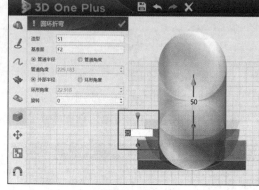

图 7-15　　　　　　　　　　　　　　　　图 7-16

- 【管道角度】是指沿着管道方向进行圆环折弯的角度。当修改管道半径时，【管道角度】的值会自动更新，如图 7-17 所示。
- 【外部半径】是指圆环的外部半径。当管道半径和外部半径相等时，圆环会变成球体；当管道半径大于外部半径时，圆环会变成椭球体。当修改环形角度时，【外部半径】的值会自动更新，如图 7-18 所示。

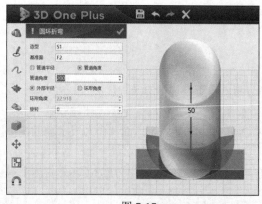 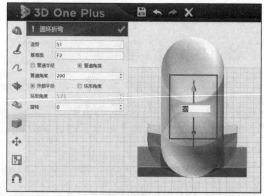

图 7-17　　　　　　　　　　　　　　　　图 7-18

- 【环形角度】是指管道的旋转角度。当修改外部半径时，【环形角度】的值会自动更新，如图 7-19 所示。
- 【旋转】用于改变圆环坐标系的方向，如图 7-20 所示。

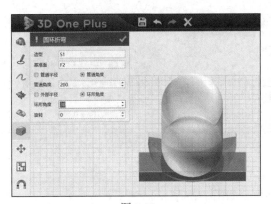

图 7-19

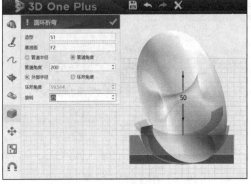

图 7-20

7.4 浮雕

在 3D One Plus 用户界面中,将鼠标指针移动到命令工具栏中的【特殊功能】命令 ▦ 上,在其子菜单中选择【浮雕】命令 ▨,可以在工作台中通过外部的图片对已有造型的平面或曲面进行浮雕操作,将图片转变成立体的浮雕造型。在使用【浮雕】命令 ▨ 之前,准备一幅图片作为演示辅助,如图 7-21 所示。

图 7-21

在【浮雕】命令窗口中,【文件名】【面】【最大偏移】【宽度】【缠绕】是必选项,【匹配面法向】【原点】【旋转】【方向】【宽高比】【分辨率】【贴图纹理显示】【嵌入图像文件】是可选项。此命令包括两种映射类型,分别是基于 UV 的映射和基于角度的映射。

1. 基于 UV 的映射

基于 UV 的映射是指基于所选面的 U 和 V 空间参数来映射图像,适用于较平的面,如图 7-22 所示。

- 【文件名】是指要用于浮雕操作的图片的文件名(文件格式可以为 GIF、JPEG、TIFF 等),可单击【文件名】后的箭头图标,然后使用文件浏览器来选择文件,如图 7-23 所示。

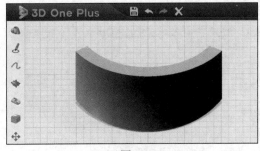

图 7-22

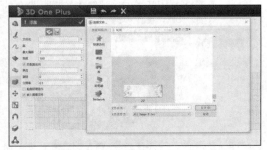

图 7-23

- 【面】是指要进行浮雕操作的面,如图 7-24 所示。
- 【最大偏移】是指浮雕文件的最大偏移值(如深度或高度)。

若【最大偏移】为负值,表示图案的背景部分低于曲面,如图 7-25 所示。

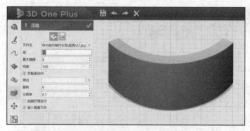

图 7-24

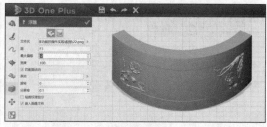

图 7-25

若【最大偏移】为正值，表示图案的背景部分高于曲面，如图 7-26 所示。

• 【宽度】用于使浮雕位于面的参数空间内，如图 7-27 所示。

图 7-26

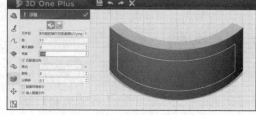

图 7-27

• 若勾选【匹配面法向】选项，浮雕的正方向则会与面的法向量方向对应，如图 7-28 所示。若不勾选【匹配面法向】选项，浮雕的正方向则不会与面的法向量方向对应，如图 7-29 所示。

图 7-28

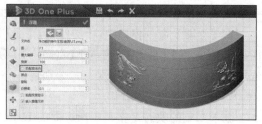

图 7-29

• 【原点】用于指定浮雕图片的中心，默认情况下图片居中，并被调整到面的参数空间里，如图 7-30 所示。

• 【旋转】用于指定浮雕图片在所选面的 U 参数方向上的旋转程度，如图 7-31 所示。

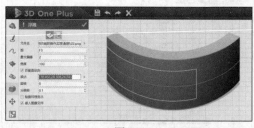

图 7-30

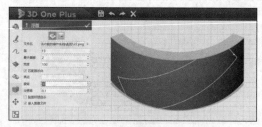

图 7-31

• 【分辨率】用于指定一个控制点距离值，即浮雕分辨率，【分辨率】的值越小，浮雕显示需要的时间就越长，浮雕的精度就越高，如图 7-32 所示。

【分辨率】的值越大，浮雕显示需要的时间就越短，浮雕的精度就越低，如图 7-33 所示。

图 7-32

图 7-33

- 若勾选【贴图纹理显示】选项，会把图片文件作为纹理映射到面上，不会改变浮雕面的几何属性，如图 7-34 所示。
- 若勾选【嵌入图像文件】选项，会将图片文件与当前激活的零件融合，即使相应图片文件丢失或被删除，也能保证激活的零件正确地生成。

图 7-34

2. 基于角度的映射

基于角度的映射是指基于面的正切角度来映射图像，适用于弯曲面和圆柱面，如图 7-35 所示。

- 【缠绕】是指以度为单位的包角值，如图 7-36 所示。

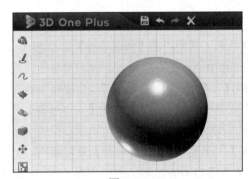

图 7-35

图 7-36

- 【方向】是指浮雕的朝向，其取值范围为 0 到 180。若【方向】的值为 180 则图片会在弯曲面或圆柱面的参数空间上，基于它的原点旋转 180 度，如图 7-37 所示。

若【方向】的值为 0 则图片会在弯曲面或圆柱面的参数空间上，基于它的原点旋转 0 度，如图 7-38 所示。

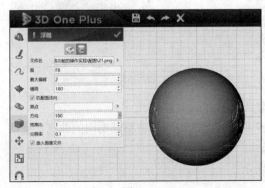

图 7-37

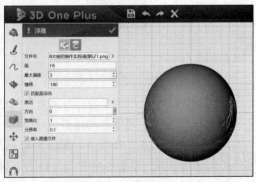

图 7-38

- 【宽高比】是指基于源文件的比例，若【宽高比】的值为 1，则图片看起来和源图片一样，如图 7-39 所示。

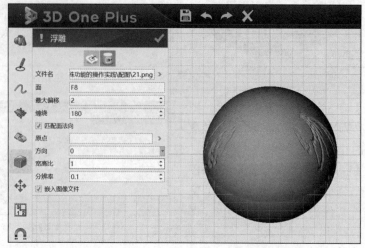

图 7-39

7.5 实体分割

在 3D One Plus 用户界面中，将鼠标指针移动到命令工具栏中的【特殊功能】命令■上，在其子菜单中选择【实体分割】命令■，可以在工作台中通过已有实体或开放造型与面、造型或基准面相交的部分分割该实体或开放造型。使用【实体分割】命令■可以生成两个独立的实体或造型，也可以拆分一个开放造型，生成一个或多个开放造型。在使用【实体分割】命令■之前，在工作台中创建一个六面体和一条曲线作为演示辅助，如图 7-40 所示。

在【实体分割】命令窗口中，【基体 B】【分割 C】是必选项，【延伸分割】是可选项。

- 【基体 B】是指要分割的基本实体或造型，如图 7-41 所示。

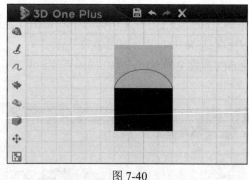

图 7-40   图 7-41

- 【分割 C】是指用于进行分割操作的造型或平面，如图 7-42 所示。
- 【延伸分割】用于自动地延伸分割面，跨越要分割的造型。调整辅助用的曲线，使曲线的两个端点均在面内，如图 7-43 所示。

不勾选【延伸分割】选项的效果如图 7-44 所示。

勾选【延伸分割】选项的效果如图 7-45 所示。

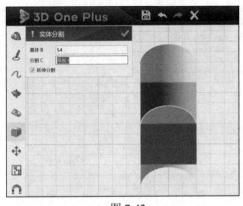

图 7-42

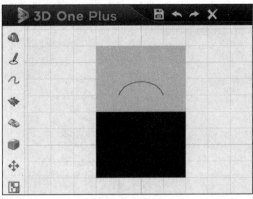

图 7-43

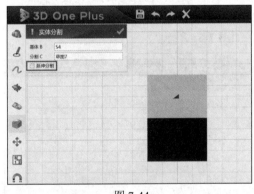

图 7-44

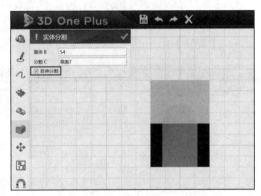

图 7-45

7.6　圆柱折弯

在 3D One Plus 用户界面中，将鼠标指针移动到命令工具栏中的【特殊功能】命令 上，在其子菜单中选择【圆柱折弯】命令 ，可以在工作台中对已有造型根据圆柱体进行折弯。在使用【圆柱折弯】命令 之前，在工作台中创建一个六面体作为演示辅助，如图 7-46 所示。

在【圆柱折弯】命令窗口中，【造型】【基准面】【半径】【角度】是必选项，【旋转】是可选项。

- 【造型】是指要进行圆柱折弯的造型，如图 7-47 所示。

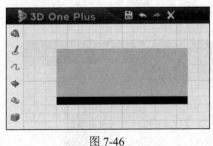

图 7-46

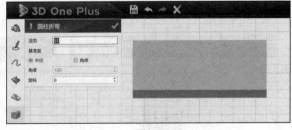

图 7-47

- 【基准面】用于指定一个平面，以定义要进行圆柱折弯的造型的 *XY* 坐标系及圆柱体的位置，如图 7-48 所示。
- 【半径】是指折弯的半径，可直接拖动智能手柄或修改智能手柄间的数值来调整折弯的半径，如图 7-49 所示。当修改折弯角度时，折弯半径会自动更新。

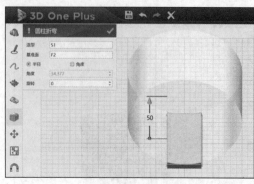
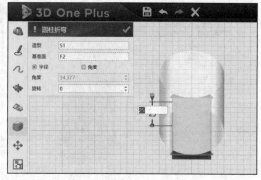

图 7-48　　　　　　　　　　　图 7-49

- 【角度】是指折弯的角度，可在命令窗口中直接输入数值来调整折弯的角度，如图 7-50 所示。当修改折弯半径时，折弯角度会自动更新。
- 【旋转】用于改变圆柱体坐标系的方向，如图 7-51 所示。

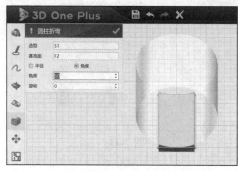
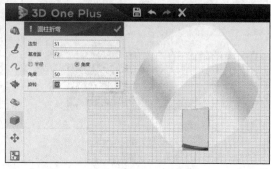

图 7-50　　　　　　　　　　　图 7-51

7.7　锥削

在 3D One Plus 用户界面中，将鼠标指针移动到命令工具栏中的【特殊功能】命令 上，在其子菜单中选择【锥削】命令 ，可以在工作台中对已有造型进行锥削并且使之沿特定的方向尖锐化。在使用【锥削】命令 之前，在工作台中创建一个六面体作为演示辅助，如图 7-52 所示。

在【锥削】命令窗口中，【造型】【基准面】【锥削因子 T】是必选项。

- 【造型】是指要锥削的造型，如图 7-53 所示。

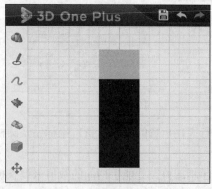
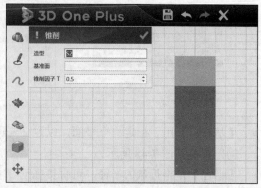

图 7-52　　　　　　　　　　　图 7-53

- 【基准面】用于指定一个平面，以定义要锥削的造型的 *XY* 坐标系，如图 7-54 所示。
- 【锥削因子 T】是指要锥削的造型较窄边的规模大小，锥削因子越小，造型较窄边的规模越小，如图 7-55 所示。

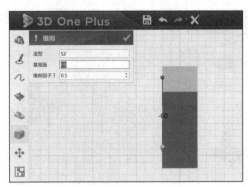

图 7-54

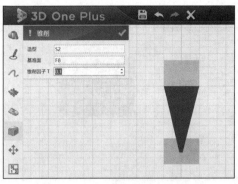

图 7-55

锥削因子越大，造型较窄边的规模越大，如图 7-56 所示。

7.8 插入电子件

在 3D One Plus 用户界面中，将鼠标指针移动到命令工具栏中的【特殊功能】命令 🔲 上，在其子菜单中选择【插入电子件】命令 🔲，可以在工作台中插入多家电子硬件厂商的电子零部件，告别线下测量电子硬件尺寸的烦琐操作，提升创意设计的效率。

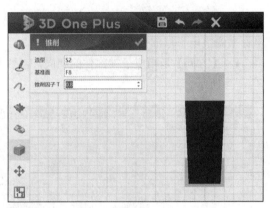

图 7-56

- 【供应商】是指提供电子零部件的厂商，包括美科、盛思、享渔、机器时代、柴火、少年创客等十多家电子硬件厂商，如图 7-57 所示。
- 【系列】是指电子零部件厂商的商品种类，如图 7-58 所示。

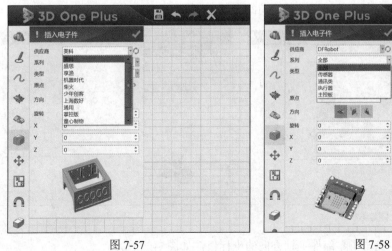

图 7-57

图 7-58

- 【类型】是指根据电子零部件功能进行的分类。可选择的电子零部件类型有两种，分别是【紧固件】和【开槽】，如图 7-59 所示。

【紧固件】是指安装电子零部件所需的安装孔，如图 7-60 所示。

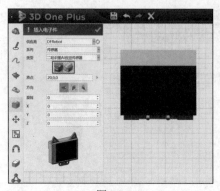
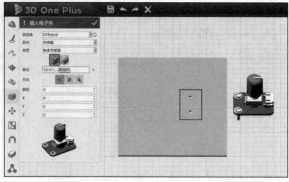

图 7-59　　　　　　　　　　　　　　　　　图 7-60

【开槽】是指安装电子零部件所需的安装位，如图 7-61 所示。若选择【开槽】，需要通过坐标来调整电子零部件的位置。

- 【方向】是指电子零部件的朝向，包括【XY】【YZ】【XZ】3 个坐标方向，如图 7-62 所示。

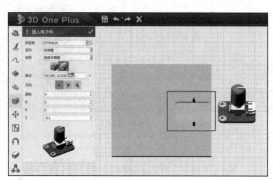
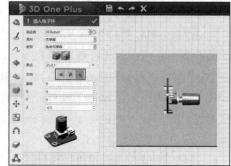

图 7-61　　　　　　　　　　　　　　　　　图 7-62

- 【旋转】用于改变电子零部件坐标系的方向，如图 7-63 所示。
- 【X】用于改变电子零部件 X 轴方向的坐标值，如图 7-64 所示。

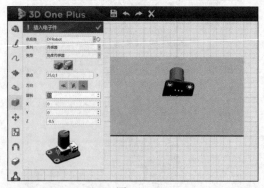
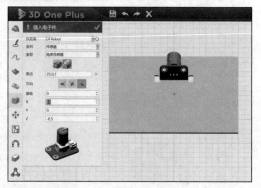

图 7-63　　　　　　　　　　　　　　　　　图 7-64

- 【Y】用于改变电子零部件 Y 轴方向的坐标值，如图 7-65 所示。

- 【Z】用于改变电子零部件 Z 轴方向的坐标值，如图 7-66 所示。

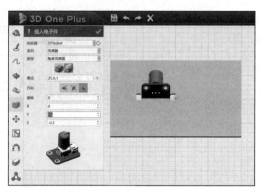 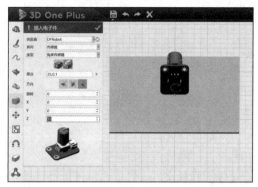

图 7-65   图 7-66

7.9 删除电子件

在 3D One Plus 用户界面中，将鼠标指针移动到命令工具栏中的【特殊功能】命令 上，在其子菜单中选择【删除电子件】命令 ，可以在工作台中删除已插入的电子零部件。在使用【删除电子件】命令 之前，在工作台中插入多个电子零部件作为演示辅助，如图 7-67 所示。

- 【实体】是指要删除的电子零部件，如图 7-68 所示。

 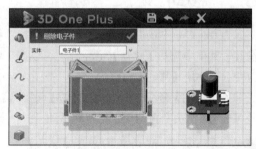

图 7-67   图 7-68

第 *8* 章

基本编辑操作

【学习目标】

- 了解 3D One Plus 中基本编辑的功能。
- 掌握 3D One Plus 中基本编辑相关命令的使用方法。
- 能够利用【基本编辑】命令 ✛ 修改造型。
- 能够利用【基本编辑】命令 ✛ 对造型进行简单的操作。

基本编辑主要是针对已创建完成的造型的操作，例如，造型尺寸的改变、位置的变化，以及同一造型数量的增加都可以通过 3D One Plus 的基本编辑功能完成。

8.1 移动

在 3D One Plus 用户界面中，将鼠标指针移动到命令工具栏中的【基本编辑】命令 ✛ 上，在其子菜单中选择【移动】命令 ⬆，可以在工作台中对已有造型进行移动操作，使其位置发生改变。在使用【移动】命令 ⬆ 之前，在工作台中创建一个圆柱体作为演示辅助，如图 8-1 所示。

在【移动】命令窗口中，【实体】【起始点】【目标点】是必选项，【只移动手柄】【手柄原点】是可选项。此命令窗口中包括两种移动类型，分别是【点到点移动】【动态移动】，如图 8-2 所示。

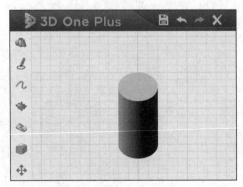

图 8-1

图 8-2

1. 点到点移动

【点到点移动】用于将造型从一点移动到另一点。

- 【实体】是指要移动的造型，如图 8-3 所示。
- 【起始点】是指移动的开始点，可以在【移动】命令窗口中直接输入值或在工作台中单击来确定【起始点】的值，如图 8-4 所示。

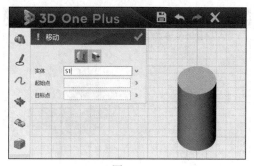

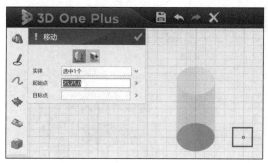

图 8-3   图 8-4

- 【目标点】是指移动到的目标点，可以在【移动】命令窗口中直接输入值或在工作台中单击来确定【目标点】的值，如图 8-5 所示。

2. 动态移动

【动态移动】是指使用智能手柄动态移动或旋转造型。在移动、旋转造型时，会显示相应的信息，单击显示的信息进行编辑后按【Enter】键确认，可实现精确操作。

- 【实体】是指要移动或旋转的造型，如图 8-6 所示。

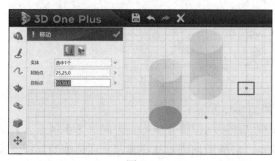

图 8-5   图 8-6

- 若不勾选【只移动手柄】选项，则会以智能手柄为参考坐标系移动或旋转实体，如图 8-7 所示。

Z 轴移动是指沿 Z 轴方向移动造型，如图 8-8 所示。

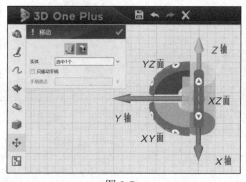

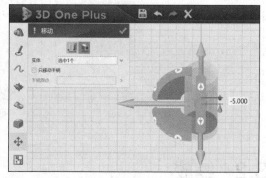

图 8-7   图 8-8

X 轴移动是指沿 X 轴方向移动造型，如图 8-9 所示。

Y 轴移动是指沿 Y 轴方向移动造型，如图 8-10 所示。

XY 面移动是指沿 XY 基准面移动造型，如图 8-11 所示。

XZ 面移动是指沿 XZ 基准面移动造型，如图 8-12 所示。

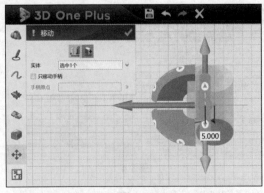
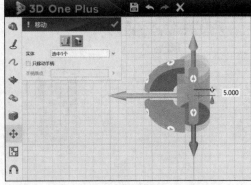

图 8-9   图 8-10

图 8-11   图 8-12

YZ 面移动是指沿 *YZ* 基准面移动造型，如图 8-13 所示。

- 若勾选【只移动手柄】选项，可以调整智能手柄位置及坐标轴方向。【手柄原点】是指智能手柄的原点。单击智能手柄原点，智能手柄原点高亮显示，在造型的目标位置单击即可调整智能原点的位置，如图 8-14 所示。

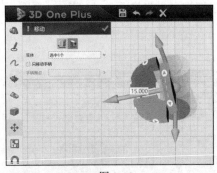
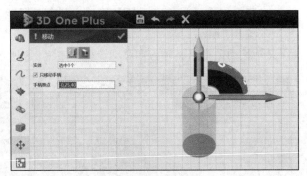

图 8-13   图 8-14

8.2 缩放

在 3D One Plus 用户界面中，将鼠标指针移动到命令工具栏中的【基本编辑】命令 ✛ 上，在其子菜单中选择【缩放】命令 ，可以在工作台使用修改已有造型的尺寸。可使用均匀或非均匀缩放因子，可缩放的实体类型包括造型、草图、组件、曲线（包括直线、弧线等）、标注、3D 点和点块。在使用【缩放】命令 之前，在工作台中创建一个六面体作为演示辅助，如图 8-15 所示。

在【缩放】命令窗口中,【实体】【方法】【比例】是必选项。

- 【实体】是指要缩放的实体,如图 8-16 所示。

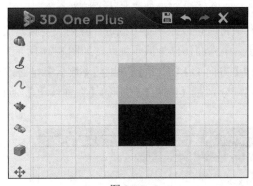
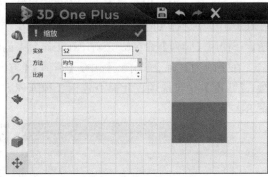

图 8-15　　　　　　　　　　　　　　　　图 8-16

- 【方法】是指缩放的方法,其下拉列表中包括【均匀】和【非均匀】两个选项,如图 8-17 所示。

【均匀】是指 X、Y 和 Z 轴的缩放因子相等,如图 8-18 所示。

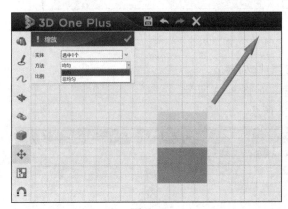
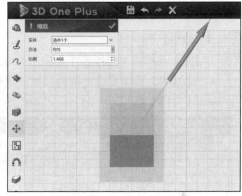

图 8-17　　　　　　　　　　　　　　　　图 8-18

【非均匀】是指 X、Y 和 Z 轴的缩放因子不相等,可分别通过【X 比例】【Y 比例】【Z 比例】调整各轴的缩放因子,如图 8-19 所示。

- 【比例】是指均匀的缩放因子,根据实际需要设置【比例】的值,如图 8-20 所示。

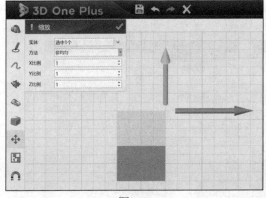
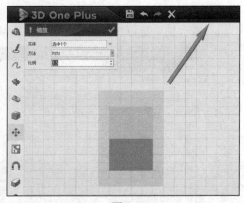

图 8-19　　　　　　　　　　　　　　　　图 8-20

8.3 阵列

在 3D One Plus 用户界面中，将鼠标指针移动到命令工具栏中的【基本编辑】命令 ✛ 上，在其子菜单中选择【阵列】命令 ⠿，可以在工作台中将造型按照一定方式进行阵列（复制）摆放。在使用【阵列】命令 ⠿ 之前，在工作台中创建一个六面体作为演示辅助，如图 8-21 所示。

在【阵列】命令操作过程中，【基体】【方向】【方向 D】【边界】【间距】【数量】是必选项，【角度】是可选项。此命令包括 3 种阵列方式，分别是【线性】【圆形】【在曲线上】，如图 8-22 所示。

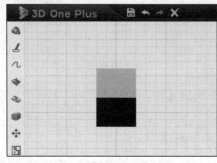
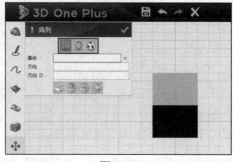

图 8-21 　　　　　　　　　　　　图 8-22

1. 线性阵列

【线性】是指将单个或多个对象按直线进行阵列摆放。

- 【基体】是指要进行阵列摆放的造型，如图 8-23 所示。
- 【方向】是指阵列的方向，如图 8-24 所示。

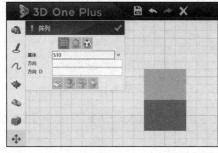
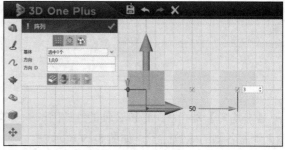

图 8-23 　　　　　　　　　　　　图 8-24

- 【方向 D】是指阵列的第二个方向，不与第一个方向平行，如图 8-25 所示。
- 阵列的数量可直接在造型上通过增减按钮或输入数值来调整，如图 8-26 所示。

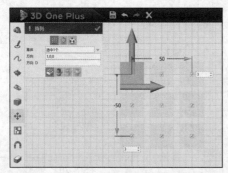
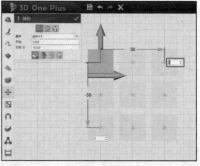

图 8-25 　　　　　　　　　　　　图 8-26

- 阵列造型间的距离可直接在造型上通过智能手柄或输入数值来调整，如图 8-27 所示。

2. **圆形阵列**

【圆形】是指将单个或多个对象按圆形进行阵列摆放。

- 【基体】是指要进行阵列摆放的造型，如图 8-28 所示。

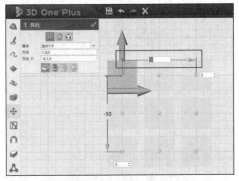
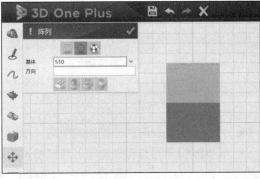

图 8-27   图 8-28

- 【方向】是指阵列的旋转轴，如图 8-29 所示。
- 阵列的数量可直接在造型上通过增减按钮或输入数值来调整，如图 8-30 所示。

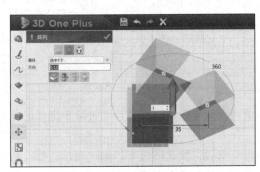
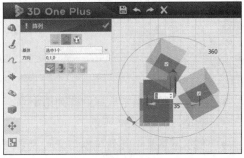

图 8-29   图 8-30

- 阵列造型间的距离可直接在造型上通过智能手柄或输入数值来调整，如图 8-31 所示。
- 阵列造型间的夹角，如图 8-32 所示。

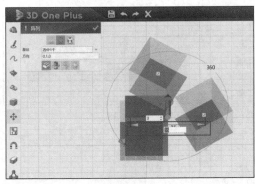
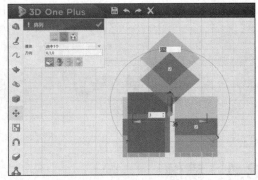

图 8-31   图 8-32

3. **在曲线上阵列**

【在曲线上】是指将单个或多个对象通过一条曲线创建为一个 3D 阵列。

- 【基体】是指要进行阵列摆放的造型，如图 8-33 所示。

- 【边界】是指用于定义和限制阵列的边界曲线，如图 8-34 所示。

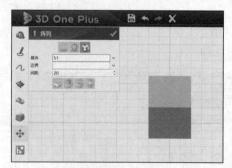

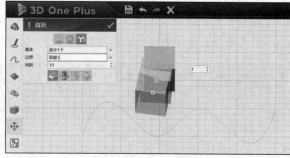

图 8-33　　　　　　　　　　　　　　　　　图 8-34

- 【间距】是指阵列造型间的距离，如图 8-35 所示。
- 阵列的数量可直接在造型上通过增减按钮或输入数值来调整，如图 8-36 所示。

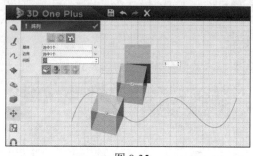

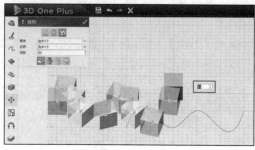

图 8-35　　　　　　　　　　　　　　　　　图 8-36

- 选择框用于指定选择的阵列造型是否保留，默认勾选，软件会自动去除未选择的阵列造型，如图 8-37 所示。
- 布尔运算是指阵列对象与父对象之间的结合形式，默认情况下不指定布尔运算。布尔运算包括【创建选中实体】【加运算】【减运算】【交运算】4 种，如图 8-38 所示。

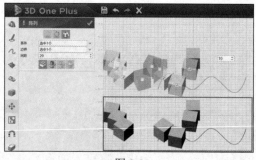

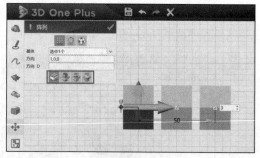

图 8-37　　　　　　　　　　　　　　　　　图 8-38

8.4　镜像

在 3D One Plus 用户界面中，将鼠标指针移动到命令工具栏中的【基本编辑】命令 ✛ 上，在其子菜单中选择【镜像】命令 ⼩，可以在工作台中对已有造型进行镜像操作。在使用【镜像】命令 ⼩ 之前，在工作台中创建一个六面体作为演示辅助，如图 8-39 所示。

在【镜像】操作过程中,【实体】【方式】【点 1】【点 2】【平面】是必选项。

- 【实体】是指要进行镜像操作的造型,如图 8-40 所示。

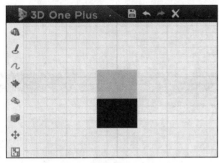
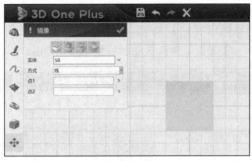

图 8-39　　　　　　　　　　　　　　图 8-40

- 【方式】是指镜像的方法,其下拉列表中包括【线】和【平面】两个选项,如图 8-41
  所示。

【线】是指通过两个点确定镜像的镜像线,选择两个点时的坐标决定镜像线的方向,如图 8-42 所示。

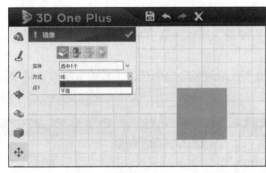

图 8-41　　　　　　　　　　　　　　图 8-42

【平面】是指通过平面(基准面、面或草图)完成镜像操作,如图 8-43 所示。

- 布尔运算是指镜像实体与布尔造型的组合方式,布尔运算包括【创建选中实体】【加
  运算】【减运算】【交运算】4 种,如图 8-44 所示。

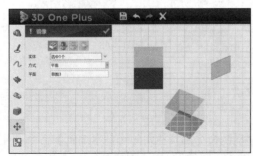

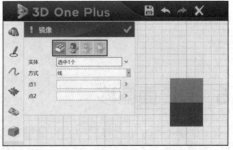

图 8-43　　　　　　　　　　　　　　图 8-44

8.5　DE 移动

在 3D One Plus 用户界面中,将鼠标指针移动到命令工具栏中的【基本编辑】命令 ✥ 上,

在其子菜单中选择【DE 移动】命令 ，可以在工作台中移动或旋转已有造型的面。可以通过方向、点和坐标等方式移动面。在使用【DE 移动】命令 之前，在工作台中创建一个六面体作为演示辅助，如图 8-45 所示。

在【DE 移动】命令窗口中，【面】是必选项。

- 【面】是指要移动或旋转的面，如图 8-46 所示。

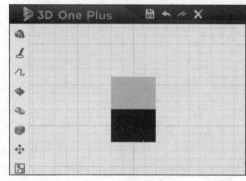

图 8-45

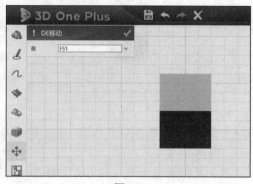

图 8-46

- 间距是指 DE 移动的距离，若它为正值表示向外部移动，若它为负值表示向内部移动。可直接在造型上通过拖动坐标轴中的轴箭头或输入数值来调整 DE 移动的距离，如图 8-47 所示。
- 角度是指面的旋转角度，可直接在造型上通过拖动轴面或输入数值来调整面的旋转角度，如图 8-48 所示。

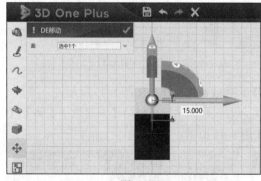

图 8-47

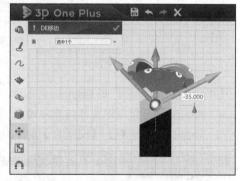

图 8-48

8.6　DE 面偏移

在 3D One Plus 用户界面中，将鼠标指针移动到命令工具栏中的【基本编辑】命令 上，在其子菜单中选择【DE 面偏移】命令 ，可以在工作台中为已有造型偏移一个或多个外壳面，在偏移过程中根据情况延伸或修剪面来缝合间隙或解决面的相交问题。在使用【DE 面偏移】命令 之前，在工作台中创建一个六面体作为演示辅助，如图 8-49 所示。

在【DE 面偏移】命令窗口中，【面 F】【偏移 T】是必选项。

- 【面 F】是指要偏移的面，如图 8-50 所示。
- 【偏移 T】是指偏移的距离，若它为负值表示向内部偏移，若它为正值表示向外部偏移，可直接在造型上通过智能手柄或输入数值来调整偏移的距离，如图 8-51 所示。

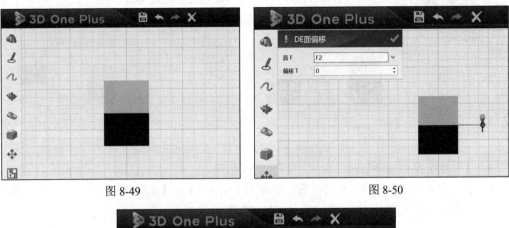

图 8-49　　　　　　　　　　　　　　图 8-50

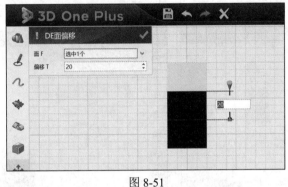

图 8-51

8.7　对齐移动

在 3D One Plus 用户界面中，将鼠标指针移动到命令工具栏中的【基本编辑】命令 ✛ 上，在其子菜单中选择【对齐移动】命令 ▋▋，可以在工作台中移动造型使其与另一个实体对齐。在使用此命令后，移动其中一个实体，另一个实体并不会随之移动。在使用【对齐移动】命令 ▋▋ 之前，在工作台中创建两个六面体作为演示辅助，如图 8-52 所示。

在【对齐移动】命令窗口中，【实体 1】【实体 2】【偏移】【角度】等是必选项。

- 【实体 1】是指要移动的造型，也可以是造型上的边或面，如图 8-53 所示。

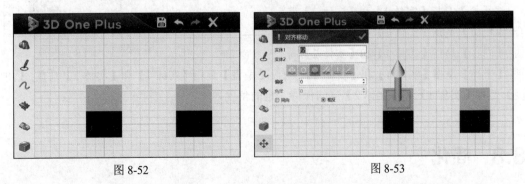

图 8-52　　　　　　　　　　　　　　图 8-53

- 【实体 2】是指要对齐的实体，可以是边、曲线、面、基准面或点，如图 8-54 所示。
- 【偏移】是指实体偏移的距离，如图 8-55 所示。

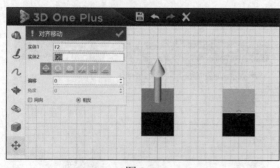

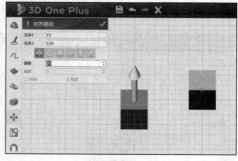

图 8-54 图 8-55

- 【角度】是指实体旋转的角度，如图 8-56 所示。
- 若选中【同向】选项，且面或基准面作为【实体 1】和【实体 2】的值，将选中的面或基准面强制朝着相同方向对齐，如图 8-57 所示。

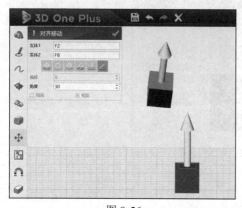

图 8-56 图 8-57

- 若选中【相反】选项，且面或基准面作为【实体 1】和【实体 2】的值，将选中的面或基准面强制朝着相反方向对齐，如图 8-58 所示。

【重合】【相切】【同心】【平行】【垂直】【角度】6 个约束条件是根据【实体 1】和【实体 2】的选择而相应激活的。

【重合】是指【实体 1】和【实体 2】重合；【相切】是指【实体 1】和【实体 2】相切；【同心】是指【实体 1】和【实体 2】同轴；

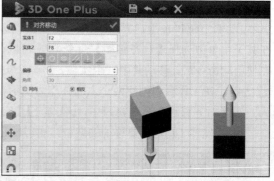

图 8-58

轴；【平行】是指【实体 1】和【实体 2】平行；【垂直】是指【实体 1】和【实体 2】垂直；【角度】是指【实体 1】和【实体 2】之间保持一定的角度。

8.8 简化

在 3D One Plus 用户界面中，将鼠标指针移动到命令工具栏中的【基本编辑】命令 ✛ 上，在其子菜单中选择【简化】命令 🧊，可以在工作台中通过删除所选面来简化零件。【简化】命令会试图延伸和重新连接面来闭合零件，如果不能合理闭合零件，系统会反馈一个错误消息。在使用【简化】命令 之前，在工作台中创建一个圆角的六面体作为演示辅助，如图 8-59 所示。

在【简化】命令窗口中，【实体】是必选项。

- 【实体】是指要移除的特征、面或需要填充的间隙边，如图 8-60 所示。

图 8-59　　　　　　　　　　　　图 8-60

简化后的效果如图 8-61 所示。

8.9　对齐实体

在 3D One Plus 用户界面中，将鼠标指针移动到命令工具栏中的【基本编辑】命令 上，在其子菜单中选择【对齐实体】命令 ，可以在工作台中将多个已有造型按照坐标轴进行排列。在使用【对齐实体】命令 之前，在工作台中插入多个位置不同的六面体作为演示辅助，如图 8-62 所示。

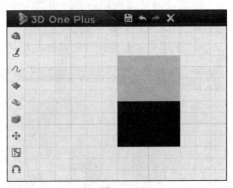

图 8-61

在【对齐实体】命令窗口中，【对齐实体】【基实体】【移动实体】是必选项。此命令窗口中包括两种对齐方式，分别是【对齐实体】和【对齐实体到基实体】，如图 8-63 所示。

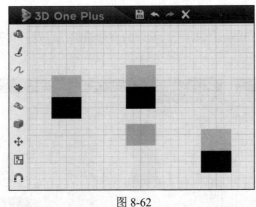

图 8-62　　　　　　　　　　　　图 8-63

1. 对齐实体

- 【对齐实体】是指要对齐的实体，需两个以上的实体，在实体选择完成后会形成一个六面体的线框，如图 8-64 所示。

- 对齐面是指实体对齐参照的面，单击六面体线框所在的面，软件会自动模拟（预览）对齐的效果，如图 8-65 所示。

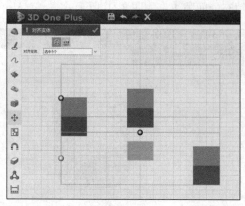

图 8-64

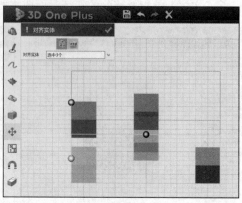

图 8-65

可以同时选择坐标轴点确定第二个实体对齐参照面，如图 8-66 所示。

2. 对齐实体到基实体

- 【基实体】是指对齐实体的母体，其位置保持不变，如图 8-67 所示。

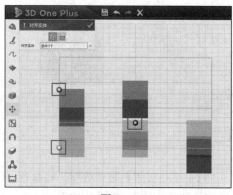

图 8-66

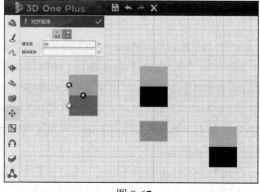

图 8-67

- 【移动实体】是指参与对齐的实体，其位置会发生变化，如图 8-68 所示。
- 对齐面是指实体对齐参照的面，单击基实体的面，软件会自动模拟（预览）对齐的效果，如图 8-69 所示。

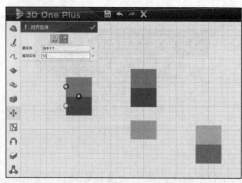

图 8-68

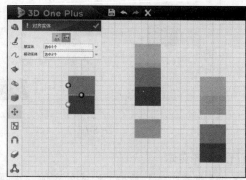

图 8-69

可以同时选择坐标轴点确定第二个实体对齐参照面，如图 8-70 所示。

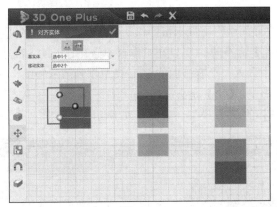

图 8-70

8.10 分割

在 3D One Plus 用户界面中，将鼠标指针移动到命令工具栏中的【基本编辑】命令 ✛ 上，在其子菜单中选择【分割】命令 ✦，可以在工作台中分割一个点块。多个点块对象可同时被基准面、平面和草图的任意组合分割。在使用【分割】命令 ✦ 之前，在工作台中绘制一个六面体并导入一个 STL 模型以创建一个点块作为演示辅助，如图 8-71 所示。

在【分割】命令窗口中，【块】【分割】是必选项。

• 【块】是指要分割的点块，如图 8-72 所示。

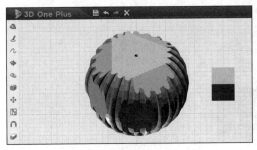

图 8-71

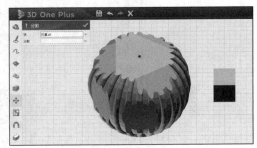

图 8-72

• 【分割】是指分割所用的基准面、平面或草图，如图 8-73 所示。

分割后的效果如图 8-74 所示。

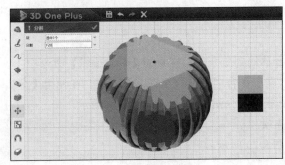

图 8-73

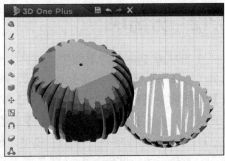

图 8-74

8.11 补孔

在 3D One Plus 用户界面中，将鼠标指针移动到命令工具栏中的【基本编辑】命令 ✛ 上，在其子菜单中选择【补孔】命令 ❶，可以在工作台中修补导入的 STL 模型。在使用【补孔】命令 ❶ 之前，在工作台中导入一个有破面的 STL 模型作为演示辅助，如图 8-75 所示。

在【补孔】命令窗口中，【块】是必选项。

- 【块】是指要修补的 STL 模型，如图 8-76 所示。

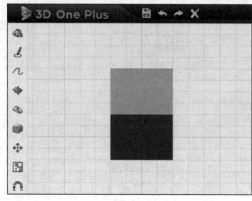
图 8-75

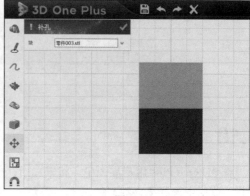
图 8-76

补孔后的效果如图 8-77 所示。

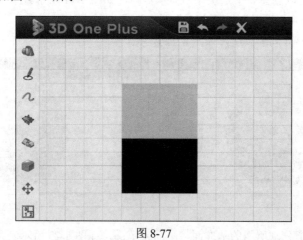
图 8-77

8.12 分离块

在 3D One Plus 用户界面中，将鼠标指针移动到命令工具栏中的【基本编辑】命令 ✛ 上，在其子菜单中选择【分离块】命令 ❀，可以在工作台中拆分一个或多个点块。在使用【分离块】命令 ❀ 之前，在工作台中导入一个 STL 模型作为演示辅助，如图 8-78 所示。

在【分离块】命令窗口中，【块】是必选项。

- 【块】是指要分离的 STL 模型，如图 8-79 所示。

分离块后的效果如图 8-80 所示。

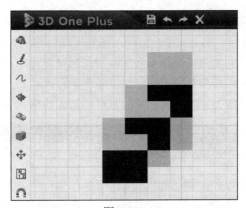

图 8-78

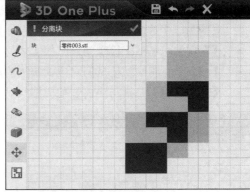

图 8-79

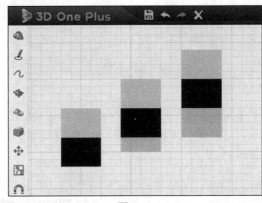

图 8-80

8.13 装配处理

在 3D One Plus 用户界面中，将鼠标指针移动到命令工具栏中的【基本编辑】命令 ✛ 上，在其子菜单中选择【装配处理】命令 🐾，可以在工作台中对需要装配的模型进行装配准备（预装配）。在使用【装配处理】命令 🐾 之前，在工作台中分别绘制两个六面体并将其另存为 Z1 文件作为演示辅助，如图 8-81 所示。

在【装配处理】命令窗口中，【名称】【实体 1】【实体 2】【实体 3】等是必选项，【对应名称】【一对多】是可选项。

- 【名称】是指给装配模型配置的名称，方便在配置其他装配模型时对应名称，如图 8-82 所示。

图 8-81

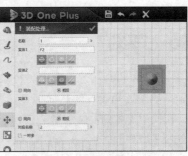

图 8-82

- 【实体 1】【实体 2】【实体 3】分别指装配模型的第 1 个面、第 2 个面、第 3 个面，对应另一个装配模型同样的面，如图 8-83 所示。
- 【同向】可将装配模型间对应的实体的选择面与基准面朝向同方向强制对齐。
- 【相反】可将装配模型间对应的实体的选择面与基准面朝向反方向强制对齐。
- 【对应名称】是指与当前装配模型相对应的另一个装配模型的名称，如图 8-84 所示。

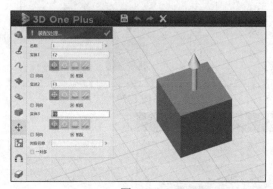

图 8-83

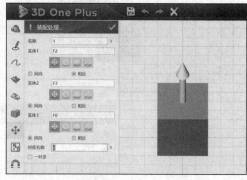

图 8-84

- 【重合】【相切】【同心】【平行】4 个约束条件根据装配的需要进行选择。【重合】是指装配模型重合；【相切】是指装配模型相切；【同心】是指装配模型同轴；【平行】是指装配模型平行。

8.14　编辑装配组件

在 3D One Plus 用户界面中，将鼠标指针移动到命令工具栏中的【基本编辑】命令 ✥ 上，在其子菜单中选择【编辑装配组件】命令 ✍，可以在工作台中对装配模型的预装配配置进行编辑。在使用【编辑装配组件】命令 ✍ 之前，在工作台中导入一个已进行预装配的模型作为演示辅助。

- 【组件】是指已进行预装配的模型，如图 8-85 所示。

在设置【组件】后即可修改装配组件的约束，例如更改【实体】、更改【同向】或【相反】等。

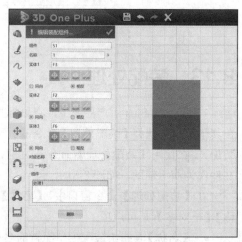

图 8-85

8.15　雕刻

在 3D One Plus 用户界面中，将鼠标指针移动到命令工具栏中的【基本编辑】命令 ✥ 上，在其子菜单中选择【雕刻】命令 ◐，可以在工作台中对模型进行雕刻操作或对 STL 模型进行改造。在使用【雕刻】命令 ◐ 之前，在工作台中绘制一个球体作为演示辅助，如图 8-86 所示。

选择【雕刻】命令，在选中实体后单击【确定】按钮，即可切换到雕刻界面，如图 8-87 所示。【雕刻】界面中包括【笔刷】【膨胀】【扭转】【平滑】【抹平】【捏塑】【皱褶】【拖拉】【移动】【遮罩】【缩放】【变形】12 种雕刻工具，球体是最适合雕刻的一种基本体。

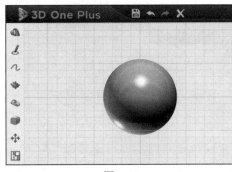

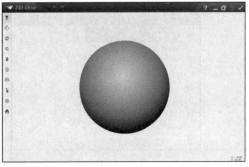

图 8-86   图 8-87

1. 笔刷

【笔刷】工具基于操作半径内所有面片的平均法线方向移动顶点。

- 【半径】是指笔刷的操作半径，可拖动滑块或直接输入数值进行更改，如图 8-88 所示。
- 【强度】是指笔刷的力度，值越大，效果越明显，如图 8-89 所示。

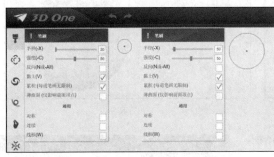

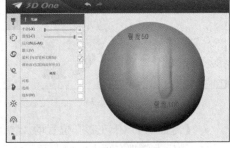

图 8-88   图 8-89

- 勾选【反向】选项，笔刷往反方向操作，如图 8-90 所示。
- 勾选【黏土】选项，可使用笔刷像糊黏土一样一层一层地位实体增加较平缓圆滑的、有厚度的平面，如图 8-91 所示。

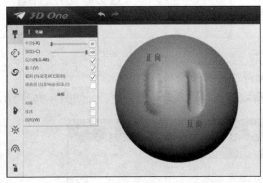

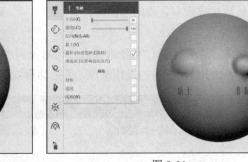

图 8-90   图 8-91

- 【累积】用于在笔刷处累积每一次操作的效果、厚度。
- 【薄曲面】用于在笔刷位置增加物体体积，最后生成带有顶点的薄曲面。

2. 膨胀

【膨胀】工具基于操作半径内面片各自的法线方向移动顶点。

- 【半径】是指膨胀的操作半径，可拖动滑块或直接输入数值进行更改，如图 8-92 所示。

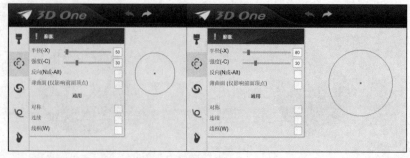

图 8-92

- 【强度】是指膨胀的力度，值越大，效果越明显，如图 8-93 所示。
- 勾选【反向】选项，膨胀往反方向操作，如图 8-94 所示。

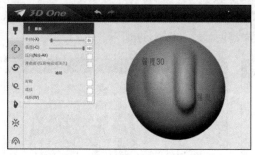

图 8-93   图 8-94

- 【薄曲面】用于在膨胀位置增加物体体积，最后生成带有顶点的薄曲面。

3. 扭转

【扭转】工具基于操作方向旋转顶点。

- 【半径】是指扭转的操作半径，可拖动滑块或直接输入数值进行更改，如图 8-95 所示。
- 【薄曲面】用于在扭转位置增加物体体积，最后生成带有顶点的薄曲面。

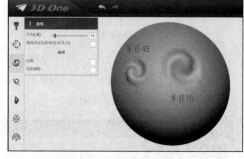

图 8-95

4. 平滑

【平滑】工具基于操作半径内顶点的相对位置使其对齐。

- 【半径】是指平滑的操作半径，可拖动滑块或直接输入数值进行更改，如图 8-96 所示。

图 8-96

- 【强度】是指平滑的力度，值越大，效果越明显，如图8-97所示。
- 【仅放松】用于对某个区域进行内部平滑，不会改变其结构。
- 【薄曲面】用于在平滑位置增加物体体积，最后生成带有顶点的薄曲面。

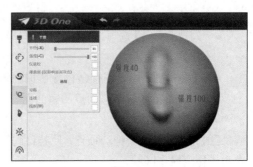

图8-97

5. **抹平**

【抹平】工具用于移动操作半径内的顶点，使其共面。

- 【半径】是指抹平的操作半径，可拖动滑块或直接输入数值进行更改，如图8-98所示。

图8-98

- 【强度】是指抹平的力度，值越大，效果越明显，如图8-99所示。
- 勾选【反向】选项，抹平往反方向操作，如图8-100所示。

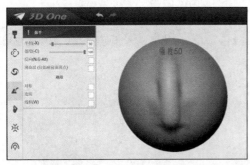

图8-99

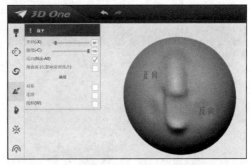

图8-100

- 【薄曲面】用于在抹平位置增加物体体积，最后生成带有顶点的薄曲面。

6. **捏塑**

【捏塑】工具用于拖动顶点，使其移向操作中心。

- 【半径】是指捏塑的操作半径，可拖动滑块或直接输入数值进行更改，如图8-101所示。
- 【强度】是指捏塑

图8-101

的力度，值越大，效果越明显。

- 勾选【反向】选项，捏塑往反方向操作，如图 8-102。
- 【薄曲面】用于在捏塑位置增加物体体积，最后生成带有顶点的薄曲面。

7. 皱褶

【皱褶】工具用于拖动顶点，使其移向操作中心或移离操作区域。

- 【半径】是指皱褶的操作半径，可拖动滑块或直接输入数值进行更改，如图 8-103 所示。

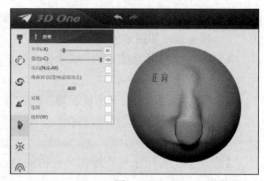

图 8-102

图 8-103

- 【强度】是指皱褶的力度，值越大，效果越明显，如图 8-104 所示。
- 勾选【反向】选项，皱褶往反方向操作，如图 8-105 所示。

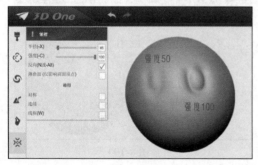

图 8-104

图 8-105

- 【薄曲面】用于在皱褶位置增加物体体积，最后生成带有顶点的薄曲面。

8. 拖拉

【拖拉】工具用于沿着鼠标指针移动轨迹拖动顶点。

- 【半径】是指拖拉的操作半径，可拖动滑块或直接输入数值进行更改，如图 8-106 所示。

9. 移动

【移动】工具基于鼠标指针的移动方向移动顶点。

- 【半径】是指移动的操作半径，可拖动滑块或直接输入数值进行更改，如图 8-107 所示。
- 【强度】是指移动的力度，值越大，效果越明显，如图 8-108 所示。
- 【沿法线方向移动】是指沿位于红框内的由三角面片组成的几何体的法线方向移动。

10. 遮罩

【遮罩】工具用于冻结顶点，使其他雕刻工具无法对其进行操作。

- 【半径】是指遮罩的操作半径，可拖动滑块或直接输入数值进行更改，如图 8-109 所示。

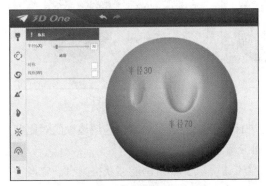

图 8-106

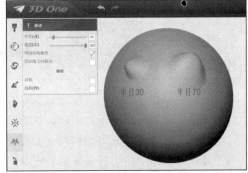

图 8-107

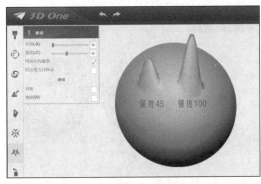

图 8-108

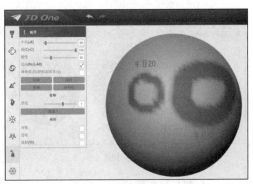

图 8-109

- 【强度】是指遮罩的力度，值越大，效果越明显，如图 8-110 所示。
- 【硬度】是指所选区域边缘的锐度，硬度越大，笔触效果越硬朗（类似于毛笔字和钢笔字的区别），如图 8-111 所示。

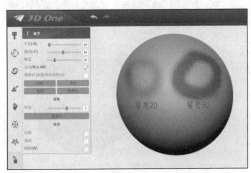

图 8-110

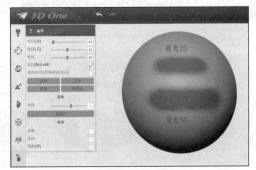

图 8-111

- 勾选【反向】选项，遮罩往反方向操作。
- 【薄曲面】用于在遮罩位置增加物体体积，最后生成带有顶点的薄曲面。
- 【清除】按钮用于清除已选择的遮罩区域。
- 【模糊】按钮用于模糊已选择的遮罩区域，如图 8-112 所示。
- 【反转】按钮用于将选择的遮罩区域进行互换，如图 8-113 所示。

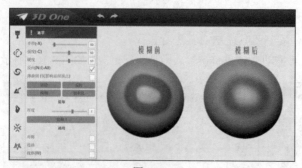 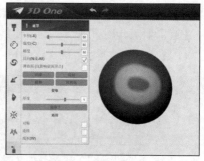

图 8-112   图 8-113

- 【锐利化】按钮用于对所选区域的边缘进行加深锐度处理，调整区域边缘的对比度，让所选区域看起来更加锐利，如图 8-114 所示。
- 【厚度】用于在选择区域后设置厚度。单击【提取】按钮，能够获得具有一定厚度的遮罩层，如图 8-115 所示。

 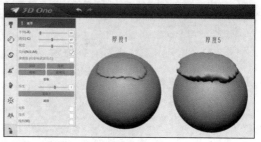

图 8-114   图 8-115

- 【提取】按钮用于提取选择的遮罩区域，如图 8-116 所示。

11. 缩放

【缩放】工具用于沿着鼠标指针的径向方向移动顶点。

- 【半径】是指缩放的笔头半径，可拖动滑块或直接输入数值进行更改，如图 8-117 所示。

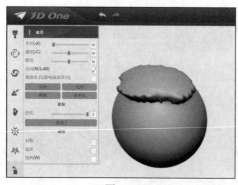 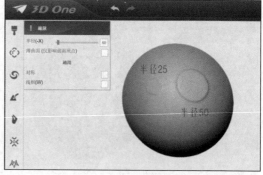

图 8-116   图 8-117

- 【薄曲面】用于在缩放位置增加物体体积，最后生成带有顶点的薄曲面。

12. 变形

【变形】工具用于平移、旋转和缩放物体。

沿着 X、Y 或 Z 轴的方向进行拉伸，物体会沿该方向发生形变。可以通过坐标轴中的弧线进行旋转形变，如图 8-118 所示。

13. 通用设置

- 【对称】是指在雕刻模型的一侧时，其另一侧出现相同的镜像特征。在勾选此选项后，会在模型上生成一条对称轴，如图 8-119 所示。

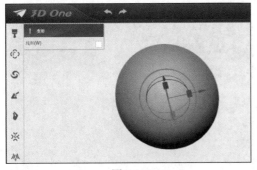
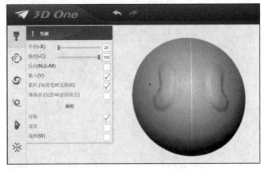

图 8-118　　　　　　　　　　　　　　　图 8-119

- 【连续】用于保证笔刷操作时的连续性，如图 8-120 所示。
- 【线框】用于显示模型网面的面和顶点，面和顶点的具体数量显示在界面右下角，如图 8-121 所示。

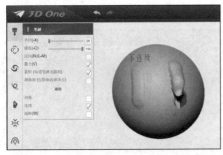
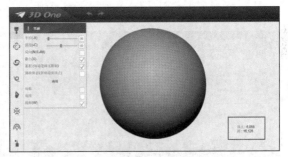

图 8-120　　　　　　　　　　　　　　　图 8-121

14. 面结构（拓扑）

通过【面结构（拓扑）】命令窗口可在雕刻工具操作某区域的顶点时，改变该区域的网格分辨率。

- 【解析度】是指当前模型网面的分辨率，默认情况下是 1，如图 8-122 所示。
- 【反转】按钮用于对通过流形网面细分而来的网面进行反转。
- 【细分】按钮用于对模型网面进行细分。每次细分后的面数会增加为原来的 4 倍，通过增加模型的面数，模型的分辨率会提高，粗糙的地方也会变得光滑，如图 8-123 所示。

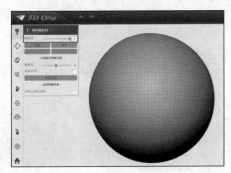
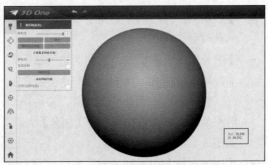

图 8-122　　　　　　　　　　　　　　　图 8-123

- 【删除较低等级】按钮用于删除模型网面的低等级解析度，可通过【解析度】的滑块确定需要删除的低等级解析度，如图 8-124 所示。
- 【删除较高等级】按钮用于删除模型网面的高等级解析度，可通过【解析度】的滑块确定需要删除的高等级解析度，如图 8-125 所示。

图 8-124   图 8-125

- 【解析度】是指网面重构时的分辨率，值越大，面越多，分辨率也就越高。通过拖动滑块或直接输入数值来调整【解析度】的值，如图 8-126 所示。
- 【块状重构】用于将网面上的面以块状进行重构，如图 8-127 所示。

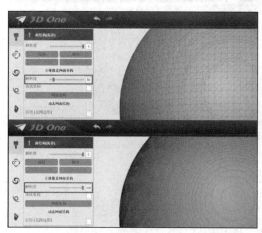 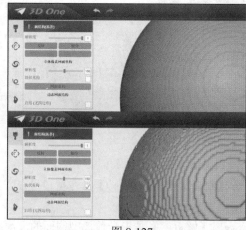

图 8-126   图 8-127

- 【网面重构】按钮是设置好【解析度】和【块状重构】后对网面进行重构的执行按钮。
- 【启用（无四边形）】用于启用动态结构网面设置。
- 【细分】用于对动态结构网面进行细分，增加模型的面数，模型的分辨率会随之提高，粗糙的地方也会变得光滑。通过拖动滑块或直接输入数值来调整【细分】的值，如图 8-128 所示。
- 【削减面数】用于削减对动态结构网面进

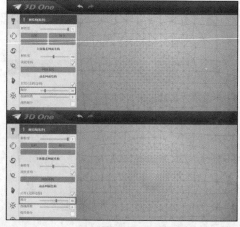

图 8-128

行细分的面数，如图 8-129 所示。

- 【线性细分】是指在进行动态网面重构时采用线性细分，如图 8-130 所示。

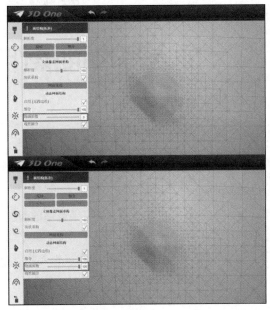

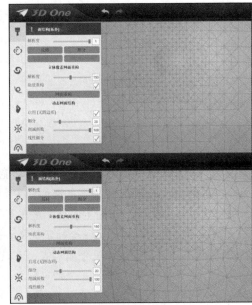

图 8-129   图 8-130

15. 重置视图

重置视图可以方便用户在 3D One Plus 雕刻界面中调整视图，以使用最佳的视图对模型进行雕刻操作。

- 【左视图】是指显示沿着 X 轴正方向、与零件左边平行的视图。
- 【右视图】是指显示沿着 X 轴负方向、与零件右边平行的视图。
- 【上视图】是指显示沿着 Z 轴负方向、与零件顶部平行的视图。
- 【下视图】是指显示沿着 Z 轴正方向、与零件底部平行的视图。
- 【前视图】是指显示沿着 Y 轴正方向、与零件前面平行的视图。
- 【后视图】是指显示沿着 Y 轴负方向、与零件后面平行的视图。
- 【重置视图】用于将视图恢复为默认视图，默认视图为前视图。

第 *9* 章

插入基准面操作

【学习目标】
- 了解 3D One Plus 中插入基准面的功能。
- 掌握 3D One Plus 中插入基准面相关命令的使用方法。

【插入基准面】命令 的主要功能是在工作台中插入一个新的基准面。可以采用基准面创建一个参考面，创建完成后系统会提示选择一个平面，当选择的平面是一个基准面或二维平面时，草图将与该基准面或二维平面对齐。可以在平面上创建草图，草图与平面参数相关联。

9.1　插入基准面

在 3D One Plus 用户界面中，将鼠标指针移动到命令工具栏中的【插入基准面】命令 上，在其子菜单中选择【插入基准面】命令 ，可以在工作台中插入一个基准面。在使用【插入基准面】命令 之前，在工作台中创建一个六面体和一个球体作为演示辅助，如图 9-1 所示。

在【插入基准面】命令窗口中，【几何体】是必选项，【偏移】【原点】【X 点】【X 轴角度】【Y 轴角度】【Z 轴角度】【对齐到几何坐标的 XY 面】【对齐到几何坐标的 XZ 面】【对齐到几何坐标的 YZ 面】是可选项。

- 【几何体】是指参考几何体，可以是活动零件、一个组件或子组件的其他零件中的一条曲线、一条边、一个面或其他基准面，如图 9-2 所示。

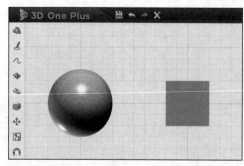

图 9-1

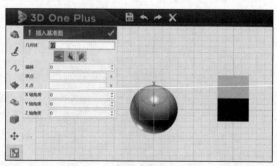

图 9-2

- 【对齐到几何坐标的 XY 面】用于将新基准面与选定的几何坐标系的 *XY* 面对齐，如图 9-3 所示。
- 【对齐到几何坐标的 XZ 面】用于将新基准面与选定的几何坐标系的 *XZ* 面对齐，如图 9-4 所示。

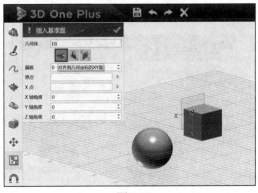
图 9-3

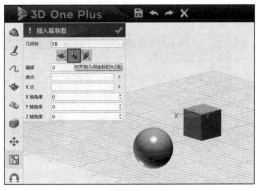
图 9-4

- 【对齐到几何坐标的 YZ 面】用于将新基准面与选定的几何坐标系的 *YZ* 面对齐，如图 9-5 所示。
- 【偏移】是指新基准面从目标几何体偏移的距离，如图 9-6 所示。

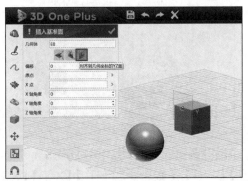
图 9-5　　　　　　　　　　　　　　　图 9-6

- 【原点】是指一个基准面的替代原点，若参考几何体为一个面、一条曲线或一条边，该点将投影到几何体，且新的基准面将在该点与面、曲线或边相切，如图 9-7 所示。若不设置【原点】，新基准面则与面、曲线或边默认的原点相切。
- 【X 点】是指一个用于确定新基准面 *X* 轴方向的点。*Z* 轴由选中的几何体的法向矢量或选中的基准面的 *Z* 轴确定，如图 9-8 所示。若不设置【X 点】，则 *Z* 轴与选中的曲线、边或面的所选点处的 U 方向平行。

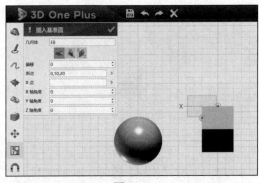
图 9-7

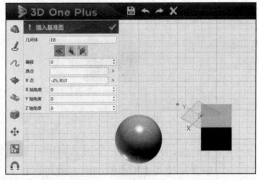
图 9-8

- 【X 轴角度】是指新基准面 *X* 轴的旋转角度，如图 9-9 所示。

- 【Y 轴角度】是指新基准面 Y 轴的旋转角度，如图 9-10 所示。

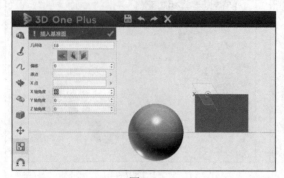

图 9-9

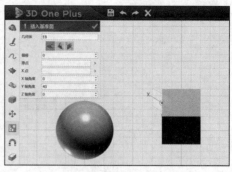

图 9-10

- 【Z 轴角度】是指新基准面 Z 轴的旋转角度，如图 9-11 所示。

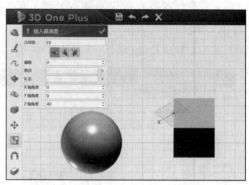

图 9-11

9.2　3 点插入基准面

在 3D One Plus 用户界面中，将鼠标指针移动到命令工具栏中的【插入基准面】命令 图 上，在其子菜单中选择【3 点插入基准面】命令 图，可以在工作台中设置 3 个点来确定一个基准面。在使用【3 点插入基准面】命令 图 之前，在工作台中创建一个六面体作为演示辅助，如图 9-12 所示。

在【插入基准面】命令窗口中，【原点】【X 点】【Y 点】是必选项，【偏移】【X 点】【X 轴角度】【Y 轴角度】【Z 轴角度】【对齐到几何坐标的 XY 面】【对齐到几何坐标的 XZ 面】【对齐到几何坐标的 YZ 面】是可选项。

- 【原点】用于给新基准面设置一个原点，可以在【插入基准面】命令窗口中直接输入【原点】的值，也可以在工作台中单击来确定【原点】的值，如图 9-13 所示。

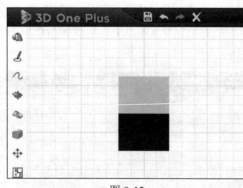

图 9-12

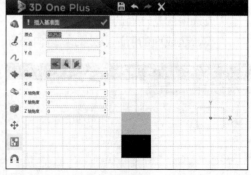

图 9-13

- 【X 点】用于设置一个用来确定新基准面 X 轴方向的点，可以在【插入基准面】命令窗口中直接输入【X 点】的值，也可以在工作台中单击来确定【X 点】的值，如图 9-14 所示。
- 【Y 点】用于设置一个用来确定新基准面 Y 轴方向的点，可以在【插入基准面】命令窗口中直接输入【Y 点】的值，也可以在工作台中单击来确定【Y 点】的值，如图 9-15 所示。

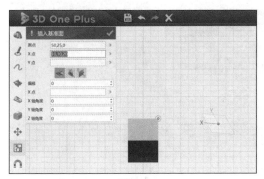 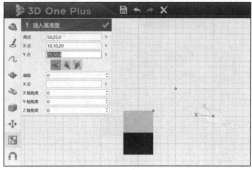

图 9-14　　　　　　　　　　　　　　　　　图 9-15

- 【对齐到几何坐标的 XY 面】用于将新基准面与选定的几何坐标系的 *XY* 面对齐，如图 9-16 所示。
- 【对齐到几何坐标的 XZ 面】用于将新基准面与选定的几何坐标系的 *XZ* 面对齐，如图 9-17 所示。

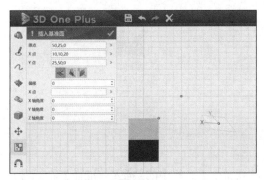

图 9-16　　　　　　　　　　　　　　　　　图 9-17

- 【对齐到几何坐标的 YZ 面】用于将新基准面与选定的几何坐标系的 *YZ* 面对齐，如图 9-18 所示。
- 【偏移】是指新基准面从目标几何体偏移的距离，如图 9-19 所示。

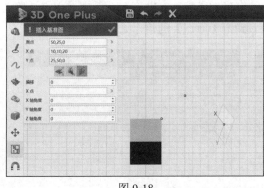 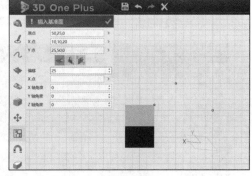

图 9-18　　　　　　　　　　　　　　　　　图 9-19

- 【X 点】是指一个用于确定新基准面 *X* 轴方向的点，如图 9-20 所示。
- 【X 轴角度】是指新基准面 *X* 轴的旋转角度，如图 9-21 所示。
- 【Y 轴角度】是指新基准面 *Y* 轴的旋转角度，如图 9-22 所示。
- 【Z 轴角度】是指新基准面 *Z* 轴的旋转角度，如图 9-23 所示。

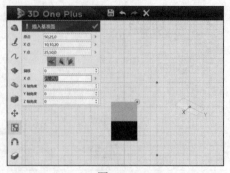
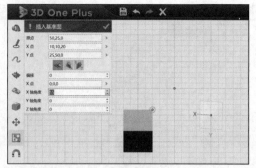

图 9-20　　　　　　　　　　　　　　　　图 9-21

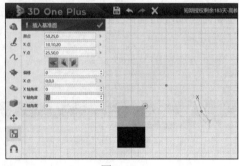
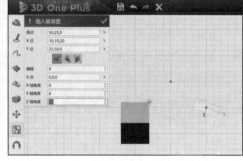

图 9-22　　　　　　　　　　　　　　　　图 9-23

9.3　*XY* 基准面

在 3D One Plus 用户界面中，将鼠标指针移动到命令工具栏中的【插入基准面】命令 ▦ 上，在其子菜单中选择【XY 基准面】命令 ◀，可以在工作台中通过 *XY* 基准面创建一个基准面。

在【插入基准面】命令窗口中，【偏移】【原点】【X 点】【X 轴角度】【Y 轴角度】【Z 轴角度】是可选项。

- 【偏移】是指新基准面的偏移距离，如图 9-24 所示。
- 【原点】用于给新基准面设置一个原点，可以在【插入基准面】命令窗口中直接输入【原点】的值，也可以在工作台中单击来确定【原点】的值，如图 9-25 所示。

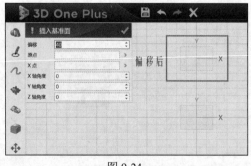

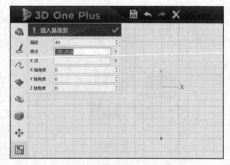

图 9-24　　　　　　　　　　　　　　　　图 9-25

- 【X 点】是指一个用于确定新基准面 *X* 轴方向的点，可以在【插入基准面】命令窗口中直接输入【X 点】的值，也可以在工作台中单击来确定【X 点】的值，如图 9-26 所示。
- 【X 轴角度】是指新基准面 *X* 轴的旋转角度，如图 9-27 所示。

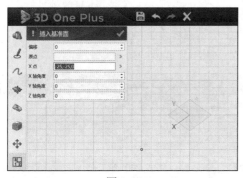

图 9-26

图 9-27

- 【Y 轴角度】是指新基准面 *Y* 轴的旋转角度，如图 9-28 所示。
- 【Z 轴角度】是指新基准面 *Z* 轴的旋转角度，如图 9-29 所示。

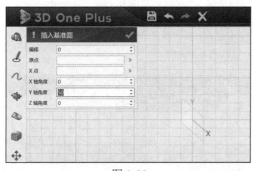

图 9-28

图 9-29

9.4 *XZ* 基准面

在 3D One Plus 用户界面中，将鼠标指针移动到命令工具栏中的【插入基准面】命令 上，在其子菜单中选择【XZ 基准面】命令 ，可以在工作台中通过 *XZ* 基准面创建一个基准面。

在【插入基准面】命令窗口中，【偏移】【原点】【X 点】【X 轴角度】【Y 轴角度】【Z 轴角度】是可选项。

- 【偏移】是指新基准面的偏移距离，如图 9-30 所示。
- 【原点】用于给新基准面设置一个原点，可以在【插入基准面】命令窗口中直接输入【原点】的值，也可以在工作台中单击来确定【原点】的值，如图 9-31 所示。

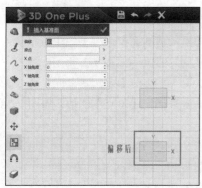

图 9-30

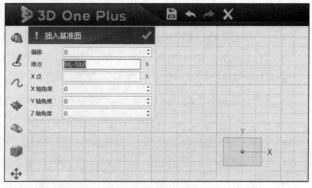

图 9-31

- 【X 点】是指一个用于确定新基准面 X 轴方向的点，可以在【插入基准面】命令窗口中直接输入【X 点】的值，也可以在工作台中单击来确定【X 点】的值，如图 9-32 所示。
- 【X 轴角度】是指新基准面 X 轴的旋转角度，如图 9-33 所示。

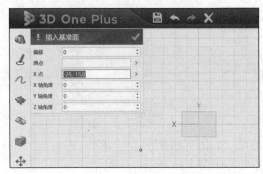 

图 9-32　　　　　　　　　　　　　　　　　　图 9-33

- 【Y 轴角度】是指新基准面 Y 轴的旋转角度，如图 9-34 所示。
- 【Z 轴角度】是指新基准面 Z 轴的旋转角度，如图 9-35 所示。

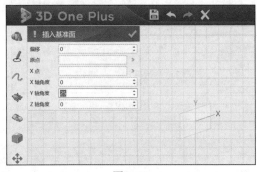 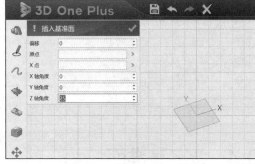

图 9-34　　　　　　　　　　　　　　　　　　图 9-35

9.5　YZ基准面

在 3D One Plus 用户界面中，将鼠标指针移动到命令工具栏中的【插入基准面】命令🔲上，在其子菜单中选择【YZ 基准面】命令📄，可以在工作台中通过 YZ 基准面创建一个基准面。

在【插入基准面】命令窗口中，【偏移】【原点】【X 点】【X 轴角度】【Y 轴角度】【Z 轴角度】是可选项。

- 【偏移】是指新基准面的偏移距离，如图 9-36 所示。
- 【原点】用于给新基准面设置一个原点，可以在【插入基准面】命令窗口中直接输入【原点】的值，也可以在工作台中单击来确定【原点】的值，如图 9-37 所示。
- 【X 点】是指一个用于确定新基准面 X 轴方向的点，可以在【插入基准面】命令窗口中直接输入【X 点】的值，也可以在工作台中单击来确定【X 点】的值，如图 9-38 所示。
- 【X 轴角度】是指新基准面 X 轴的旋转角度，如图 9-39 所示。
- 【Y 轴角度】是指新基准面 Y 轴的旋转角度，如图 9-40 所示。
- 【Z 轴角度】是指新基准面 Z 轴的旋转角度，如图 9-41 所示。

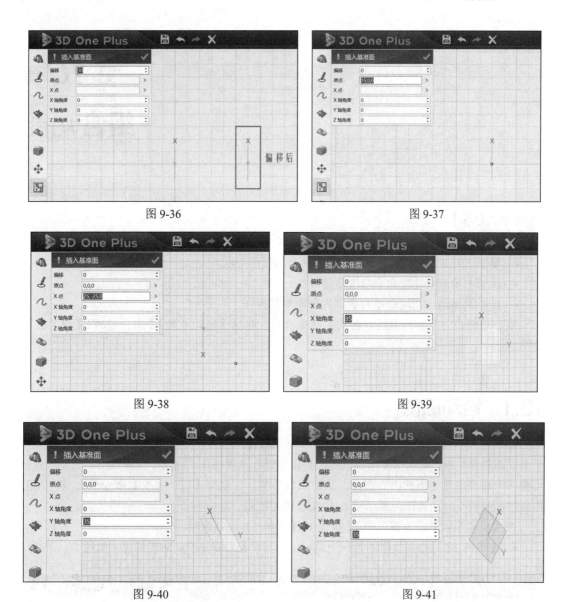

图 9-36

图 9-37

图 9-38

图 9-39

图 9-40

图 9-41

第 *10* 章

组合功能

【学习目标】

- 了解 3D One Plus 中组合功能的作用。
- 掌握 3D One Plus 中组合功能相关命令的使用方法。
- 能够利用组合功能命令修改造型。
- 能够利用组合功能命令对造型进行简单的操作。

组合功能是一组和模型组合有关的命令合集，包括【自动吸附】【组合编辑】【组】三大功能。

10.1　自动吸附

在 3D One Plus 用户界面中，将鼠标指针移动到命令工具栏中的【自动吸附】命令 🔗 上并单击以选择该命令，可以在工作台中对已有模型进行吸附操作，组成一个新造型。使用该命令可将两个造型的选定面的中心重合，从而贴合造型。在使用【自动吸附】命令 🔗 之前，在工作台中创建两个六面体作为演示辅助，如图 10-1 所示。

在【自动吸附】命令窗口中，【实体 1】【实体 2】是必选项。

- 【实体 1】是指要吸附的第一个造型，将其设置为需要吸附的面即可，如图 10-2 所示。

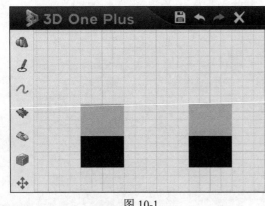

图 10-1

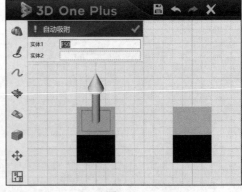

图 10-2

- 【实体 2】是指要吸附的第二个造型，将其设置为需要吸附的面即可，如图 10-3 所示。

【实体 1】为移动体，【实体 2】为固定体，【实体 1】指定的面会自动吸附到【实体 2】指定的面上，如图 10-4 所示。

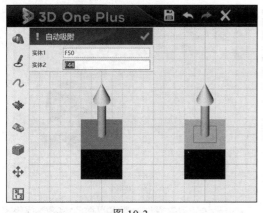

图 10-3

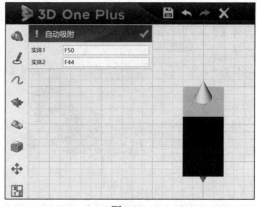

图 10-4

10.2　组合编辑

在 3D One Plus 用户界面中，将鼠标指针移动到命令工具栏中的【组合编辑】命令 上并单击以选择该命令，可以在工作台中对已有模型进行布尔运算，包括加运算、减运算和交运算。在使用【组合编辑】命令 之前，在工作台中创建两个圆柱体作为演示辅助，如图 10-5 所示。

在【组合编辑】命令窗口中，【基体】【合并体】是必选项，【边界】是可选项。【组合编辑】命令窗口中包括【加运算】【减运算】【交运算】3 种布尔运算。

1. 加运算

【加运算】用于将基体添加到合并体上，组成一个新造型。

- 【基体】是指在其上进行运算的造型，在命令执行结束之后依然存在，如图 10-6 所示。

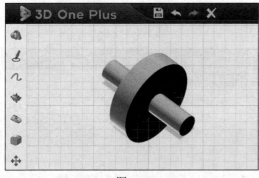

图 10-5

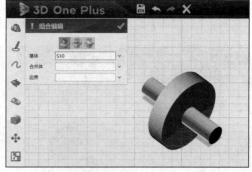

图 10-6

- 【合并体】是指应用到基体造型上的造型，如图 10-7 所示。

在加运算中，基体和合并体不是绝对的，可以互换。

- 【边界】是指边界面，合并体必须与基体相交，边界面用于修剪合并体，如图 10-8 所示。

2. 减运算

【减运算】用于移除基体与合并体相交的部分。

- 【基体】是指在其上进行运算的造型，在命令执行结束之后依然存在，如图 10-9 所示。
- 【合并体】是指应用到基体造型上的造型，在命令执行结束之后会被丢弃，如图 10-10 所示。

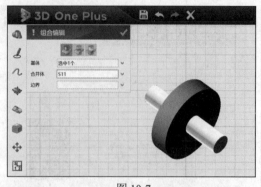

图 10-7

图 10-8

图 10-9

图 10-10

在减运算中，基体和合并体是绝对的，不可以互换。

3. 交运算

【交运算】用于保留基体与合并体相交的部分。

- 【基体】是指在其上进行运算的造型，如图 10-11 所示。
- 【合并体】是指应用到基体造型上的造型，如图 10-12 所示。

图 10-11

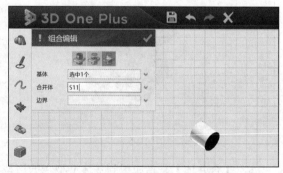

图 10-12

在交运算中，基体和合并体不是绝对的，可以互换。

10.3　组

1. 成组

在 3D One Plus 用户界面中，将鼠标指针移动到命令工具栏中的【组】命令 👥 上，在其子菜单中选择【成组】命令 🔩，可以在工作台中把多个造型组成一个新组。在使用【成组】命令 🔩 之前，在工作台中创建 3 个六面体作为演示辅助，如图 10-13 所示。

在【成组】命令窗口中，【实体】是必选项。

- 【实体】是指用于新建组的造型，可以是多个造型，如图 10-14 所示。

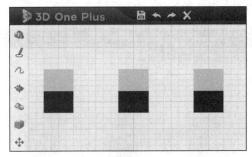

图 10-13

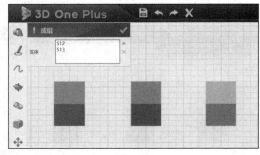

图 10-14

在成组完成后选中其中一个造型，本组中的其他造型也会被选中，如图 10-15 所示。

2. 炸开组

在 3D One Plus 用户界面中，将鼠标指针移动到命令工具栏中的【组】命令 🔩 上，在其子菜单中选择【炸开组】命令 🔩，可以在工作台中把一个已有组拆分。在使用【炸开组】命令 🔩 之前，在工作台中创建 3 个六面体并将其成组作为演示辅助，如图 10-16 所示。

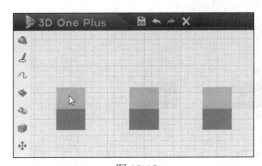

图 10-15

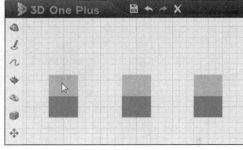

图 10-16

在【炸开组】命令窗口中，【组】是必选项。

- 【组】是指要拆分的组，可以是多个组，如图 10-17 所示。

在炸开组完成后选中其中一个造型，原组中的其他造型不会被选中，如图 10-18 所示。

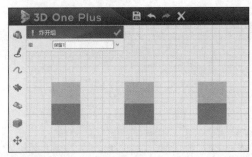

图 10-17

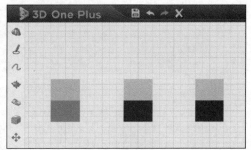

图 10-18

3. 炸开所有组

在 3D One Plus 用户界面中，将鼠标指针移动到命令工具栏中的【组】命令 🔩 上，在其子菜单中选择【炸开所有组】命令 ，可以在工作台中把一个组所包含的所有组拆分。在使用【炸开所有组】命令 之前，在工作台中创建 3 个六面体并将其进行多层成组作为演示辅助，如图 10-19 所示。

在【炸开所有组】命令窗口中，【组】是必选项。

- 【组】是指要拆分的组，包括组所包含的所有组，如图 10-20 所示。

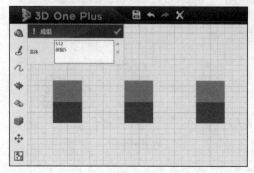

图 10-19

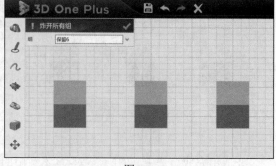

图 10-20

在炸开所有组完成后，选中其中一个造型，原组中的其他造型不会被选中，如图 10-21 所示。

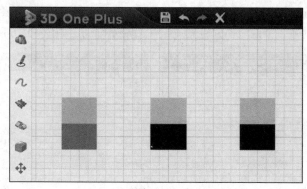

图 10-21

第 *11* 章

距离测量操作

【学习目标】

- 了解 3D One Plus 中距离测量的作用。
- 掌握 3D One Plus 中距离测量相关命令的使用方法。
- 能够利用【距离测量】命令对造型进行简单的操作。

【距离测量】命令的主要功能是测量模型的直线距离、角度、圆弧，可以帮助设计者精准地掌握模型参数。

11.1 距离测量

在 3D One Plus 用户界面中，将鼠标指针移动到命令工具栏中的【距离测量】命令上，在其子菜单中选择【距离测量】命令，可以在工作台中测量模型间的距离，可在点、几何体和平面之间测量。在使用【距离测量】命令之前，在工作台中创建两个六面体作为演示辅助，如图 11-1 所示。

【距离测量】命令窗口中包括 4 种距离测量类型，分别是【点到点】【几何体到点】【几何体到几何体】【平面到点】。

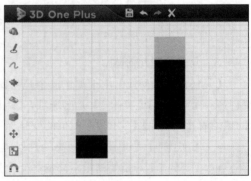

图 11-1

1. 点到点

【点到点】用于测量两点之间的距离，或测量一点与多个其他点之间的距离。在【距离测量】命令窗口中，【点 1】【点 2】是必选项，【距离】【X 方向距离】【Y 方向距离】【Z 方向距离】的值随着【点 1】【点 2】的值的变化而变化。

- 【点 1】是指距离测量的起点，如图 11-2 所示。
- 【点 2】是指距离测量的终点，如图 11-3 所示。

2. 几何体到点

【几何体到点】用于测量一个点和几何体之间的最短距离。在【距离测量】命令窗口中，【实体】【点】是必选项，【距离】【X 方向距离】【Y 方向距离】【Z 方向距离】的值随着【实体】【点】的值的变化而变化。

- 【实体】是指要测量距离的几何体，可以是曲线、边、面等，如图 11-4 所示。
- 【点】是指距离测量的终点，如图 11-5 所示。

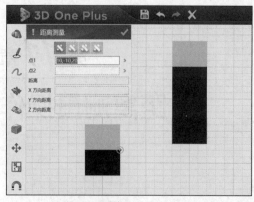

图 11-2

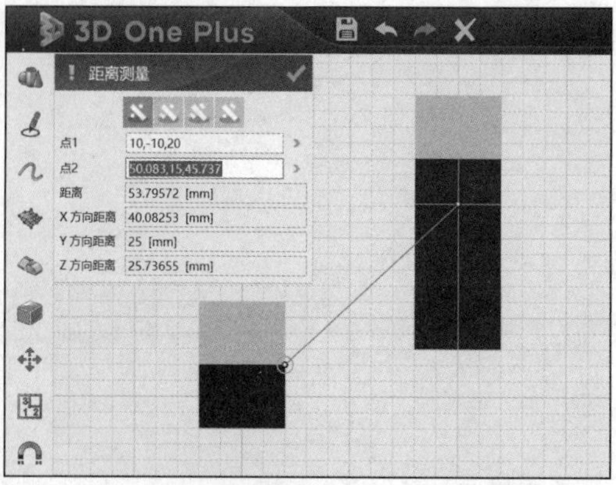

图 11-3

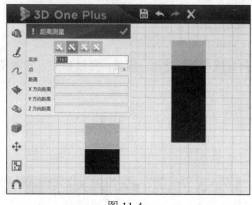

图 11-4

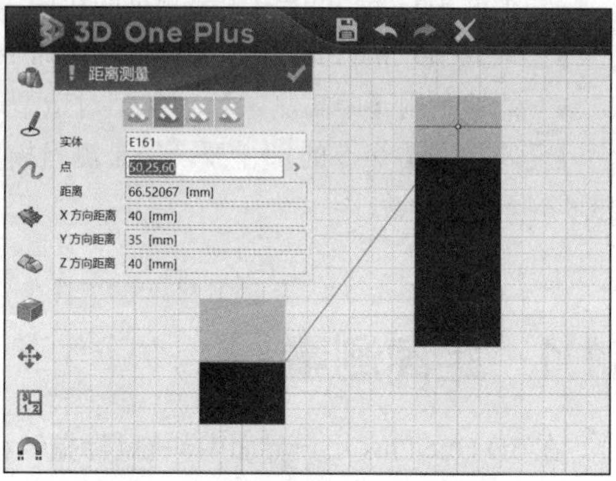

图 11-5

3. 几何体到几何体

【几何体到几何体】用于测量一个几何体和其他几何体之间的距离。在【距离测量】命令窗口中,【实体 1】【实体 2】是必选项,【距离】【X 方向距离】【Y 方向距离】【Z 方向距离】的值随着【实体 1】【实体 2】的值的变化而变化。

- 【实体 1】是指要测量距离的几何体,可以是曲线、边、面等,如图 11-6 所示。
- 【实体 2】是指要测量距离的另一个几何体,可以是曲线、边、面等,如图 11-7 所示。

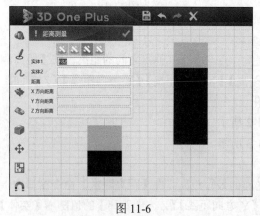

图 11-6

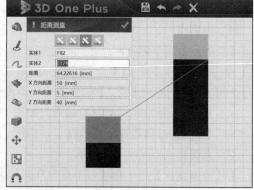

图 11-7

4. 平面到点

【平面到点】用于测量一个基准面或平面与一个点之间的垂直距离。在【距离测量】命令窗口中,【平面】【点】是必选项,【距离】【X方向距离】【Y方向距离】【Z方向距离】的值,随着【平面】【点】的值的变化而变化。

- 【平面】是指要测量距离的平面,可以是曲线、边、面等,如图11-8所示。
- 【点】是指距离测量的终点,如图11-9所示。

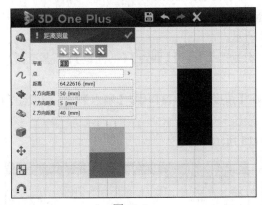
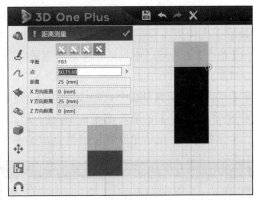

图11-8 图11-9

- 【距离】是指点到点、几何体到点、几何体到几何体或平面到点的距离测量结果,如图11-10所示。
- 【X方向距离】是指两个对象在X轴方向上的距离,如图11-11所示。

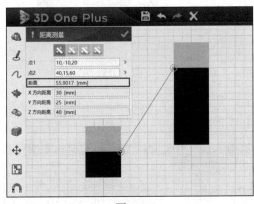
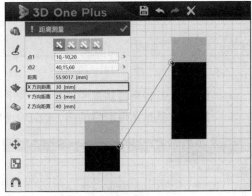

图11-10 图11-11

- 【Y方向距离】是指两个对象在Y轴方向上的距离,如图11-12所示。
- 【Z方向距离】是指两个对象在Z轴方向上的距离,如图11-13所示。

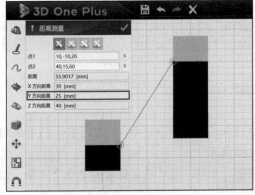
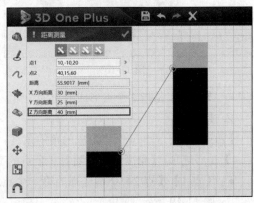

图11-12 图11-13

11.2　角度

在 3D One Plus 用户界面中，将鼠标指针移动到命令工具栏中的【距离测量】命令 ⬛ 上，在其子菜单中选择【角度】命令 ◭，可以在工作台中测量角度数据，可在点、几何体和平面之间测量，也可以在不同类型的几何体之间测量。在使用【角度】命令 ◭ 之前，在工作台中创建一个齿轮型造型作为演示辅助，如图 11-14 所示。

【角度】命令窗口中包括 4 种角度测量类型，分别是【三点】【四点】【两向量】【两基准面】。

1. 三点

【三点】用于测量 3 个点形成的角的角度。在【角度】命令窗口中，【基点】【点 1】【点 2】是必选项，【角度】的值，随着 3 个点的变化而变化。

- 【基点】是指角度测量的基点，如图 11-15 所示。

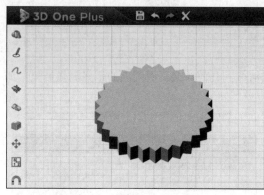

图 11-14

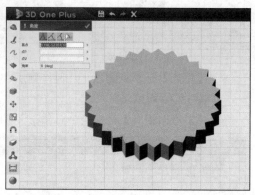

图 11-15

- 【点 1】是指角度测量的第一点，如图 11-16 所示。
- 【点 2】是指角度测量的第二点，如图 11-17 所示。

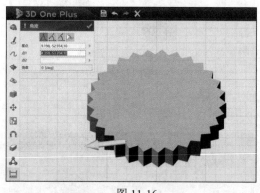

图 11-16

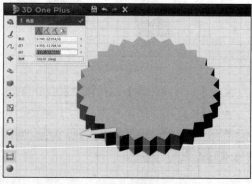

图 11-17

- 【角度】是指 3 个点形成的角的角度，如图 11-18 所示。

2. 四点

【四点】用于测量 4 个点形成的角的角度。在【角度】命令窗口中，【点 1】【点 2】【点 3】【点 4】是必选项，【角度】的值随着 4 个点的变化而变化。

- 【点 1】【点 2】是指选择的第一个点和第二个点，用于定义测量的第一个向量，如图 11-19 所示。

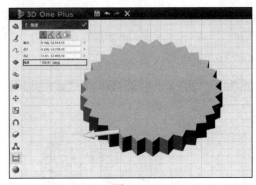

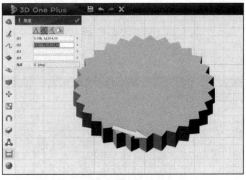

图 11-18 图 11-19

- 【点 3】【点 4】是指选择的第三个点和第四个点，用于定义测量的第二个向量，如图 11-20 所示。
- 【角度】是指 4 个点形成的角的角度，如图 11-21 所示。

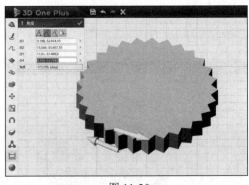

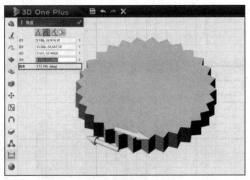

图 11-20 图 11-21

3. 两向量

【两向量】用于测量两个向量形成的角的角度。在【角度】命令窗口中，【向量 1】【向量 2】是必选项，【角度】的值随着两个向量的变化而变化。

- 【向量 1】是指角度测量的第一个向量，如图 11-22 所示。
- 【向量 2】是指角度测量的第二个向量，如图 11-23 所示。

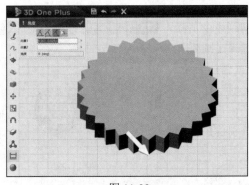

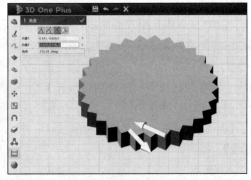

图 11-22 图 11-23

- 【角度】是指两个向量形成的角的角度，如图 11-24 所示。

4. 两基准面

【两基准面】用于测量两个平面之间的角度。在【角度】命令窗口中，【基准面 1】【基准面 2】是必选项，【角度】的值随着两个基准面的变化而变化。

- 【基准面 1】是指角度测量的第一个平面，可以是一个基准面、平面或草图，如图 11-25 所示。

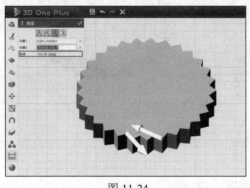
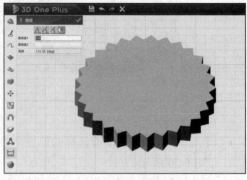

图 11-24　　　　　　　　　　　　　　　　　图 11-25

- 【基准面 2】是指角度测量的第二个平面，如图 11-26 所示。
- 【角度】是指两个基准面之间的角度，如图 11-27 所示。

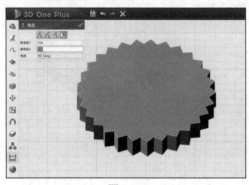
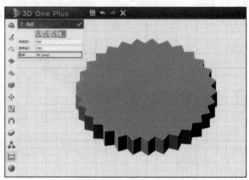

图 11-26　　　　　　　　　　　　　　　　　图 11-27

11.3　圆弧

在 3D One Plus 用户界面中，将鼠标指针移动到命令工具栏中的【距离测量】命令 ⊟ 上，在其子菜单中选择【圆弧】命令 🏛，可以在工作台中测量圆弧数据。圆弧数据包括半径、角度、圆心和法向等。在使用【圆弧】命令 🏛 之前，在工作台中创建一个球体作为演示辅助，如图 11-28 所示。

【圆弧】命令窗口中包括两种圆弧测量类型，分别是【三点】【曲线】。

1.　三点

【三点】使用 3 个点测量出圆弧数据。在【圆弧】命令窗口中，【点 1】【点 2】【点 3】是必选项，【半径】【直径】【角度】【圆心】【法向】的值随着【点 1】【点 2】【点 3】的值的变化而变化。

【点 1】【点 2】【点 3】是指用于测量圆弧数据的 3 个点，如图 11-29 所示。

2. 曲线

【曲线】是指通过曲线上的一个点来测量此曲线的圆弧数据。在【圆弧】命令窗口中，【曲线点】是必选项，【半径】【直径】【角度】【圆心】【法向】的值，随着【曲线点】的值的变化而变化。在工作台中添加一条曲线作为辅助。

【曲线点】是指曲线上的某个点，如图 11-30 所示。

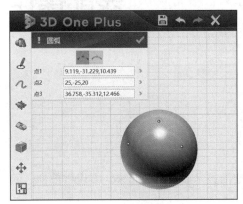
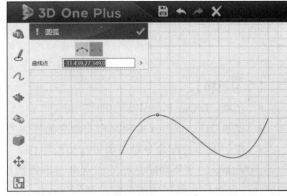

图 11-29   图 11-30

在完成【曲线点】的设置后，单击【确定】按钮就可查看【半径】【直径】【角度】【圆心】【法向】等圆弧数据，如图 11-31 所示。

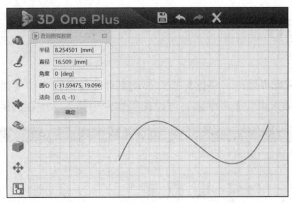

图 11-31

第 *12* 章

装配操作

【学习目标】
- 了解 3D One Plus 中装配的作用。
- 掌握 3D One Plus 中装配相关命令的使用方法。
- 能够利用装配命令对造型进行装配操作。

装配命令的主要功能是在工作台中将零件按规定的技术要求组装起来，实现零部件之间的连接，此外，也可以实现装配动画的制作。

在 3D One Plus 用户界面中，将鼠标指针移动到主菜单按钮 **3D One Plus** 上，在其子菜单中选择【新建装配】命令，可以切换到装配界面对零件进行装配操作。

12.1 插入组件

1. 插入组件

在 3D One Plus 装配界面中，将鼠标指针移动到命令工具栏中的【插入组件】命令 上，在其子菜单中选择【插入组件】命令 ，可以在工作台中插入已保存的组件，如图 12-1 所示。

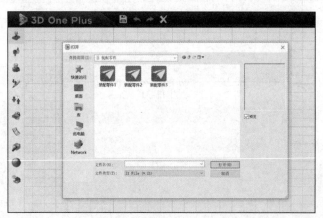

图 12-1

2. 设计组件

在 3D One Plus 装配界面中，将鼠标指针移动到命令工具栏中的【插入组件】命令 上，在其子菜单中选择【设计组件】命令 ，可以切换到用户界面，进行装配组件的设计，如图 12-2 所示。

在装配组件设计完成后，单击 按钮即可切换到装配界面，如图 12-3 所示。

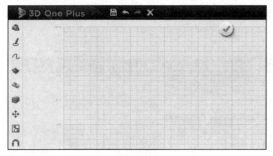

图 12-2

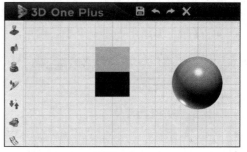

图 12-3

12.2 对齐

1. 对齐

在 3D One Plus 装配界面中，将鼠标指针移动到命令工具栏中的【对齐】命令 📌 上，在其子菜单中选择【对齐】命令 👍，可以在装配界面中为已激活零件或装配里的两个组件或壳体创建对齐约束。

在【对齐】命令窗口中，【实体 1】【实体 2】是必选项，【重合】【相切】【同心】【平行】【垂直】【角度】【啮合】【距离】【值】【范围】【偏移】【最小值】【最大值】【同向】【相反】【显示已有的对齐】【干涉】是可选项。

- 【实体 1】是指要对齐的第一个组件或造型的曲线、边、面或基准面，如图 12-4 所示。
- 【实体 2】是指被对齐的第二个组件或造型的曲线、边、面或基准面，如图 12-5 所示。

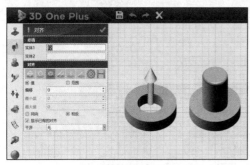

图 12-4 图 12-5

约束条件包括【重合】【相切】【同心】【平行】【垂直】【角度】【啮合】【距离】8 个。

- 【重合】用于创建一个重合约束，使用该约束组件会保持重合，如图 12-6 所示。
- 【相切】用于创建一个相切约束，如图 12-7 所示。

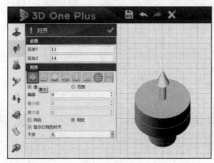

图 12-6

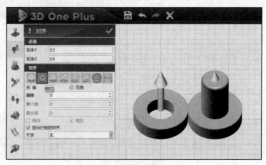

图 12-7

- 【同心】用于创建一个同心约束，如图 12-8 所示。
- 【平行】用于创建一个平行约束，如图 12-9 所示。

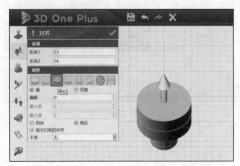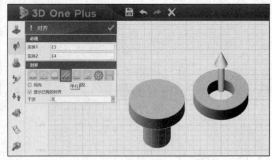

图 12-8   图 12-9

- 【垂直】用于创建一个垂直约束，如图 12-10 所示。
- 【角度】用于创建一个角度约束，在【角度】输入框中输入值可调整造型或组件的角度，如图 12-11 所示。

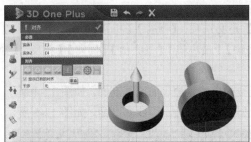

图 12-10   图 12-11

- 【啮合】用于创建一个啮合约束，如图 12-12 所示。

图 12-12

- 【距离】用于创建一个距离约束。如果约束对象为两个平行的面，则偏移距离默认为两个面之间的距离，其他情况则默认为零，如图 12-13 所示。
- 【值】是指约束为一个精确的值，如图 12-14 所示。
- 【范围】是指约束为一个限定最小值或最大值的范围，如图 12-15 所示。【最小值】【最大值】在选中【范围】选项时有效，如图 12-16 所示。
- 【偏移】用于指定偏移距离。

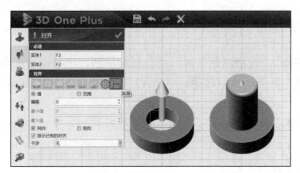

图 12-13 　　　　　　　　　　　　　　　　图 12-14

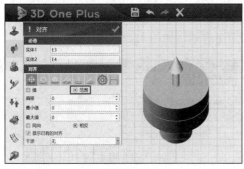

图 12-15 　　　　　　　　　　　　　　　　图 12-16

- 【同向】用于将装配模型间对应的实体的选择面与基准面朝向同方向强制对齐，如图 12-17 所示。
- 【相反】用于将装配模型间对应的实体的选择面与基准面朝向反方向强制对齐，如图 12-18 所示。

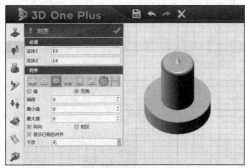

图 12-17 　　　　　　　　　　　　　　　　图 12-18

- 【显示已有的对齐】用于显示激活组件已有的对齐约束，如图 12-19 所示。

图 12-19

- 【干涉】下拉列表中包括【无】【高亮】【停止】【添加约束】4 个选项。

【无】是指在拖动组件时不检查干涉。

选择【高亮】选项，当拖动一个组件时，若检测到干涉，将会暂停检测，干涉面会高亮显示，可以检查开放的造型和组件。如果在一个机构中移动一个零件，而此时另一个零件造成干涉，这种情况也可以被检测到。

【停止】与【高亮】选项类似，但组件会停在干涉点，在零件重生成过程中不进行任何干涉检测。

【添加约束】根据检测到的干涉自动生成约束。

- 【角度】【最小角度】【最大角度】用于指定约束角度，在【角度】约束下有效。【最小角度】和【最大角度】的值只在选中【范围】选项时有效，如图 12-20 所示。

【角度】是指齿轮旋转的角度，在【啮合】约束下有效，如图 12-21 所示。

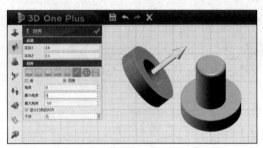

图 12-20

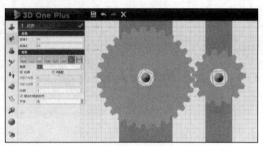

图 12-21

- 【比例】是指两个齿轮的齿数之比，在【啮合】约束下有效。在图 12-22 中，大齿轮有 30 齿，小齿轮有 15 齿，则比例为 2。
- 【齿轮 1 齿数】【齿轮 2 齿数】是指齿轮的齿数，在【啮合】约束下有效。【齿轮 1 齿数】对应【实体 1】，【齿轮 2 齿数】对应【实体 2】，如图 12-23 所示。

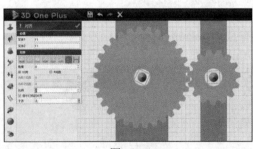

图 12-22

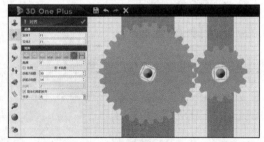

图 12-23

2. 智能对齐

在 3D One Plus 装配界面中，将鼠标指针移动到命令工具栏中的【对齐】命令 🔧 上，在其子菜单中选择【智能对齐】命令 🔧，可以在装配界面中选择两个需智能对齐的零件进行装配。

在【智能对齐】命令窗口中，【实体 1】【实体 2】是必选项。智能对齐的零件可在基本编辑操作的【装配处理】命令窗口中进行配置并保存，如图 12-24 所示。

在 3D One Plus 装配界面中，通过【插入组件】命令 🔧 在工作台中插入已经装配处理过的零件。

- 【实体 1】【实体 2】是指要智能对齐的零件，如图 12-25 所示。

图 12-24

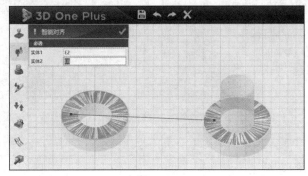

图 12-25

12.3 固定

1. 固定

在 3D One Plus 装配界面中，将鼠标指针移动到命令工具栏中的【固定】命令 🖦 上并单击以选择该命令，可以将组件固定在当前位置，而不会在装配对齐时移动。

在【固定】命令窗口中，【组件】是必选项。

- 【组件】是指要固定的组件，如图 12-26 所示。

2. 浮动

在 3D One Plus 装配界面中，将鼠标指针移动到已固定的组件上并单击，在出现的快捷工具栏中选择【浮动】命令 🖦，可以将已固定的组件撤销固定，如图 12-27 所示。

图 12-26

图 12-27

12.4 编辑对齐

在 3D One Plus 装配界面中，将鼠标指针移动到命令工具栏中的【编辑对齐】命令 ✎ 上并单击以选择该命令，可以编辑组件中已设置的对齐约束，也可删除不需要的对齐约束。

在【编辑对齐】命令窗口中，【组件】【实体 1】【实体 2】是必选项，【对齐】列表框中显示已有的对齐约束。

- 【组件】是指要修改对齐约束的组件，如图 12-28 所示。
- 【实体 1】【实体 2】是指要修改对齐约束的组件中包含的实体，如图 12-29 所示。

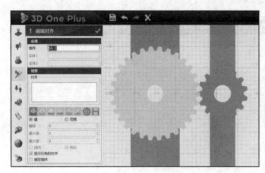
图 12-28

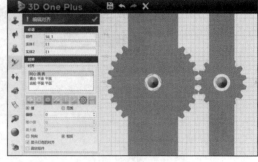
图 12-29

- 【对齐】列表框中显示组件中包含的对齐约束，在对齐约束上单击鼠标右键，在弹出的快捷菜单中选择【删除】命令，可以将其删除，如图 12-30 所示。

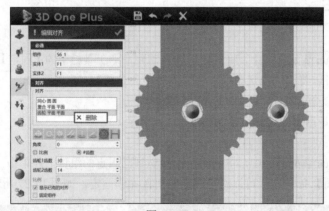
图 12-30

在【对齐】列表框中选中要修改的对齐约束名称，即可修改该对齐约束的约束参数，约束参数的设置方法请参考【对齐】命令中的约束参数设置方法。

12.5 查询对齐

在 3D One Plus 装配界面中，将鼠标指针移动到命令工具栏中的【查询对齐】命令 ⇅ 上并单击以选择该命令，可以查询组件的约束状态，并显示在【显示对齐状态】对话框中，如图 12-31 所示。

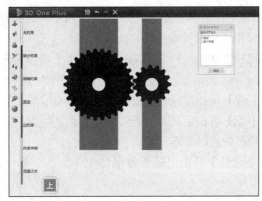

图 12-31

在组件上，不同的颜色代表不同的约束状态。

- 白色【无约束】：组件不受约束。
- 蓝色【缺少约束】：组件仍可移动。如果没有任何组件是固定的，则明确约束的装配中的组件会变成"缺少约束"。
- 绿色【明确约束】：组件受到完整且正确的约束
- 棕色【固定】：组件已固定不能移动。
- 红色【过约束】：组件的约束条件存在冲突或冗余。
- 黄色【约束冲突】：组件的约束在某个标注值下是有效的约束，但与其他标注值不一致。
- 灰色【范围之外】：当在装配的环境中编辑一个子装配时，同级子装配即为"范围之外"。这些组件为灰色，表示不考虑在当前约束系统中。

12.6　干涉检查

在 3D One Plus 装配界面中，将鼠标指针移动到命令工具栏中的【干涉检查】命令 🔧 上，在其子菜单中选择【干涉检查】命令 🔧，可以在装配界面中检查组件或装配之间的干涉。在进行干涉计算时，将忽略装配内抑制的组件。

在【干涉检查】命令窗口中，【组件】【检查】是必选项，【检查域】【检查与零件的干涉】【检查零件间的干涉】【视子装配为单一组件】【忽略隐藏造型和组件】【保存干涉几何体】【颜色】【非干涉组件】是可选项。

- 【组件】是指被选择的一个或多个组件，如图 12-32 所示。
- 单击【检查】按钮，则会根据设置生成干涉结果，如图 12-33 所示。

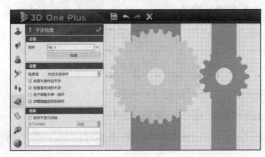

图 12-32

图 12-33

- 【检查域】下拉列表中包括两个选项，分别是【仅检查被选组件】和【包括未选组件】。
【仅检查被选组件】仅用于检查被选组件之间的干涉。
【包括未选组件】不仅检查被选组件之间的干涉，还用于检查被选组件与其他未选择的组件之间的干涉，如图 12-34 所示。

- 【检查与零件的干涉】可指定是否检查选择的组件与零件之间的干涉。
- 【检查零件间的干涉】可指定是否检查零件与零件之间的干涉。此选项仅在【检查与零件的干涉】选项被勾选时显示。
- 【视子装配为单一组件】可指定是否将子装配作为一个整体，不检查子装配内部的干涉。
- 【忽略隐藏造型和组件】可指定是否对隐藏的零件和组件进行干涉检查。
- 【保存干涉几何体】可指定是否创建等同于原干涉大小的新特征，并保留其历史操作。勾选该选项，如果发现干涉，则创建等同于原干涉大小的新特征，并保留其历史操作。否则，不会留下任何信息。
- 【颜色】是指自定义干涉几何体的颜色，默认颜色为红色。此选项仅在【保存干涉几何体】选项被勾选时显示，如图 12-35 所示。

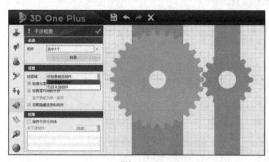

图 12-34

图 12-35

- 【非干涉组件】用于设置非干涉组件的显示模式，其下拉列表中包括【隐藏】【透明】【着色】【线框】4 个选项。

如果选择【隐藏】选项，非干涉组件就不会显示，如图 12-36 所示。
如果选择【透明】选项，非干涉组件就会以透明的形式显示，如图 12-37 所示。

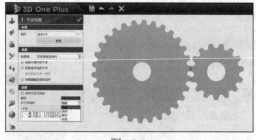

图 12-36

图 12-37

如果选择【着色】选项，非干涉组件就会完全显示，如图 12-38 所示。
如果选择【线框】选项，非干涉组件就会以线框形式显示，如图 12-39 所示。

- 【干涉】列表框中列出了所有干涉结果，勾选某一干涉结果，则显示对应的干涉几何体，否则不显示，如图 12-40 所示。

图 12-38

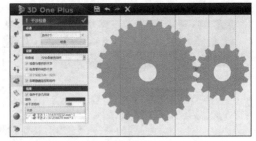

图 12-39

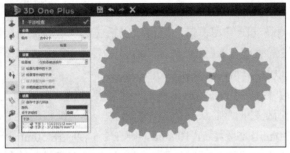

图 12-40

12.7　新建动画

1. 新建动画

在 3D One Plus 装配界面中，将鼠标指针移动到命令工具栏中的【新建动画】命令 上，在其子菜单中选择【新建动画】命令 ，可以在装配界面中制作 3D 演示动画。在使用【新建动画】命令 之前，在装配界面中打开已装配好的齿轮组件作为演示辅助，如图 12-41 所示。

在【新建动画】命令窗口中，【时间（m:ss）】是必选项，【名称】是可选项。

- 【时间（m:ss）】是指动画的总时长（分;秒），如图 12-42 所示。

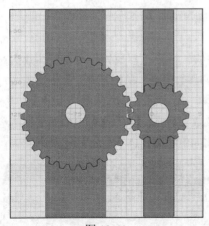

图 12-41

图 12-42

- 【名称】是指新动画的名称，如图 12-43 所示，如果不输入名称，则软件会自动为动画生成一个名称。

在动画的时长和名称设置完成后，单击【确定】按钮即可进入动画设置界面，如图 12-44 所示。

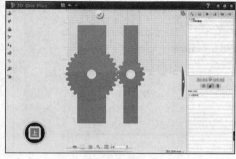

图 12-43   图 12-44

动画设置界面右侧是动画管理窗口，该窗口包括【添加关键帧】【添加关联参数】【马达运动】【直线运动】【设置照相机】【记录动画到 AVI 文件中】【重复】【相机视野】【检查干涉】【时间】【动画参数】，以及与动画播放相关的按钮。

- 【添加关键帧】按钮用于在动画中添加一个重要的帧。关键帧定义了当赋予动画参数确切值时动画所处的时间。从一个关键帧到另一个关键帧的参数值呈线性变化，因此，如果开始时在 0mm，5 秒后在 100mm，则在 2.5 秒时在 50mm。

单击动画管理窗口中的【添加关键帧】按钮，打开【关键帧】命令窗口，在设定好【时间（m:ss）】后，新建的关键帧会添加到帧列表框中，并自动激活，如图 12-45 所示。

- 【添加关联参数】按钮用于添加或调整组件的对齐约束，如图 12-46 所示。

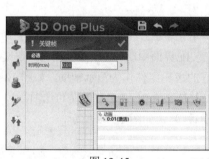

图 12-45   图 12-46

单击动画管理窗口中的【添加关联参数】按钮，打开【参数】命令窗口。双击对齐约束名称即可打开【输入标注值】命令窗口，在其中调整数值后，单击【确定】按钮完成对齐约束的调整，如图 12-47 所示。

- 【马达运动】按钮用于添加马达的运动参数。单击动画管理窗口中的【马达运动】按钮，打开【马达运动】命令窗口，如图 12-48 所示。

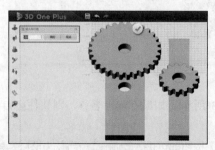

图 12-47   图 12-48

【实体】是指要添加马达运动参数的零件。【方向】是指马达的运动方向。【速度】是指马达的转速。

- 【直线运动】按钮用于移动 3D 零件实体，支持多种方法，包括方向、点坐标系等。单击动画管理窗口中的【直线运动】按钮，打开【移动】命令窗口，【移动】的操作方法与【基本编辑】中的【移动】⬚命令相同，如图 12-49 所示。
- 【设置照相机】按钮用于为动画的视点设定相应动作。单击动画管理窗口中的【设置照相机】按钮，打开【定义相机位置】命令窗口，在动画的关键帧处改变相机位置，就可以创建飞越的动画效果，如图 12-50 所示。

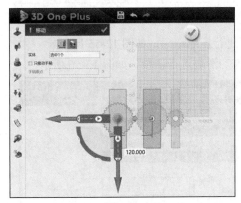

图 12-49

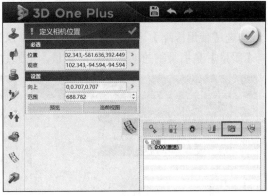

图 12-50

在调整视图后，单击【当前视图】按钮可以获取【位置】【观察】【向上】【范围】这 4 项参数，单击【确定】按钮完成参数的设置，如图 12-51 所示。

【位置】用于为激活的关键帧指定相机位置。

【观察】坐标与【位置】坐标一起定义了相机所指的方向，但是相机仍然可以沿该方向扭转，该参数仅适用于激活的关键帧。

【向上】用于定义屏幕上的哪个 3D 方向与屏幕是垂直的。

【范围】用于定义相机焦距的范围，该值与显示在界面右下方的范围完全相同。

- 【记录动画到 AVI 文件中】按钮用于将设置好的动画保存为 AVI 视频文件。单击动画管理窗口中的【记录动画到 AVI 文件中】按钮，打开【录制动画】命令窗口，如图 12-52 所示。

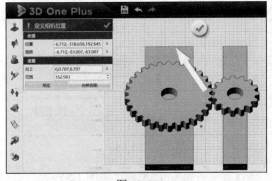

图 12-51

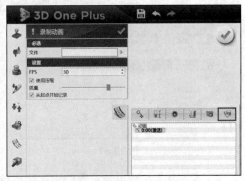

图 12-52

【文件】是指 AVI 视频文件的名称，如图 12-53 所示。

【FPS】是指画面每秒传输的帧数，即视频每秒播放的画面数，帧数越大，视频画面就越流畅，如图 12-54 所示。

图 12-53

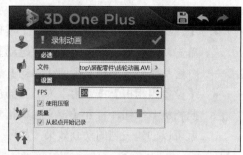

图 12-54

勾选【使用压缩】选项，可对录制的动画视频进行压缩编码，如图 12-55 所示。

【质量】是指录制的动画视频的质量，可通过拖动滑块进行调整，如图 12-56 所示。

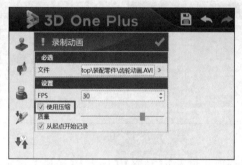

图 12-55

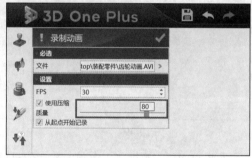

图 12-56

勾选【从起点开始记录】选项，可定位录制的动画视频的起录点，如图 12-57 所示。

- 播放动画的功能按钮包括【动画开始】【前一关键帧】【播放动画】【后一关键帧】 【动画结束】，如图 12-58 所示。

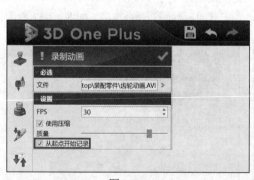

图 12-57

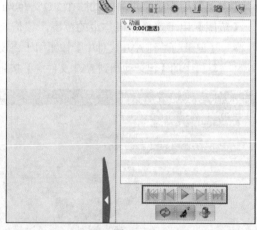

图 12-58

- 【重复】按钮用于设置动画连续播放，该设置会占用 CPU 资源，如图 12-59 所示。
- 【相机视野】按钮用于设置相机视角作为动画的视点，如图 12-60 所示。
- 【检查干涉】按钮用于检查动画中的装配是否存在干涉，如图 12-61 所示。
- 【时间】是指动画的总时长，如图 12-62 所示。

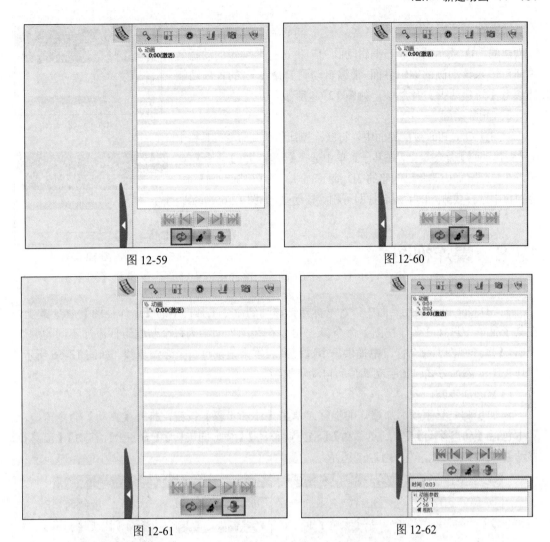

图 12-59 图 12-60

图 12-61 图 12-62

- 【动画参数】是指动画中可变的值。最常见的动画参数是装配标注，如图 12-63 所示。

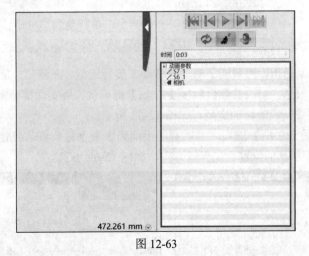

图 12-63

2. 编辑动画

在 3D One Plus 装配界面中，将鼠标指针移动到命令工具栏中的【新建动画】命令 上，在其子菜单中选择【编辑动画】命令 ，可以在装配界面中编辑已创建的 3D 演示动画。在编辑动画窗口中选择要编辑的动画名称即可进入该动画的编辑界面。【编辑动画】命令 的各项功能请参考【新建动画】命令，如图 12-64 所示。

图 12-64

3. 删除动画

在 3D One Plus 装配界面中，将鼠标指针移动到命令工具栏中的【新建动画】命令 上，在其子菜单中选择【删除动画】命令 ，可以在装配界面中删除已创建的 3D 演示动画。在【删除动画】命令窗口中选择要删除的动画名称即可删除该动画，如图 12-65 所示。

图 12-65

12.8　爆炸视图

1. 爆炸视图

在 3D One Plus 装配界面中，将鼠标指针移动到命令工具栏中的【爆炸视图】命令 上，在其子菜单中选择【爆炸视图】命令 ，可以在装配界面中为每个装配组件添加不同的爆炸视图。【爆炸视图】命令窗口中提供一个过程列表框来记录每一个爆炸步骤，如图 12-66 所示。爆炸视图的添加方式包括手动添加和自动添加两种。

（1）添加步骤

添加步骤是指手动添加爆炸的步骤。单击【添加步骤】按钮，打开【移动】命令窗口，其中包括【动态移动】【点到点移动】【沿方向移动】【绕方向旋转】【对齐坐标移动】【沿路径移动】6 种移动方式，如图 12-67 所示。

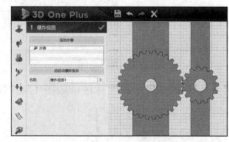
图 12-66

图 12-67

- 【动态移动】是指使用智能手柄动态移动或旋转造型。在移动、旋转造型时，会显示相应的尺寸信息，修改其数值后按【Enter】键确认，可实现精确操作。

【实体】是指要移动或旋转的造型，如图 12-68 所示。

若不勾选【只移动手柄】选项，则以智能手柄为参考坐标系移动或旋转实体。若勾选该选项，可以调整智能手柄的位置及坐标轴方向，如图 12-69 所示。

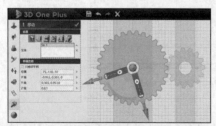
图 12-68

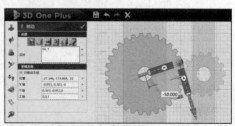
图 12-69

　　【位置】是指智能手柄的原点。单击智能手柄的原点，它会高亮显示，在实体的目标位置单击，可调整智能手柄的位置或移动实体，如图 12-70 所示。

　　【X 轴】【Y 轴】【Z 轴】是指智能手柄的方向，默认为所选实体的坐标轴方向。选择需要调整的智能手柄坐标轴，被选中的坐标轴高亮显示，拖动坐标轴至目标方向，如图 12-71 所示。

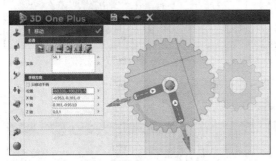

图 12-70

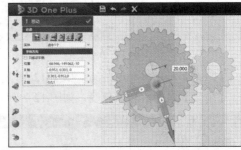

图 12-71

- 【点到点移动】用于将造型从一点移动到另一点。

　　【实体】是指要移动的造型，如图 12-72 所示。

　　【起始点】是指移动的起始点，如图 12-73 所示。

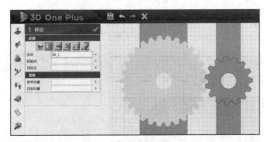

图 12-72

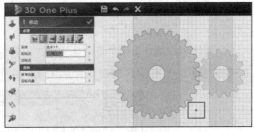

图 12-73

　　【目标点】是指移动的目标点，如图 12-74 所示。

　　【参考向量】【目标向量】是指使用参考向量和目标向量来定义实体对齐的方向，如图 12-75 所示。

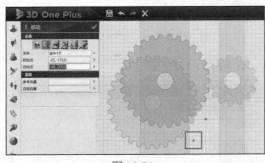

图 12-74

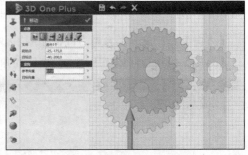

图 12-75

- 【沿方向移动】用于将实体沿线性方向移动指定的距离，也可用于旋转实体。在使用此功能时，所有草图副本会被锁定。

　　【实体】是指要移动的造型，如图 12-76 所示。

　　【方向】是指移动的方向，如图 12-77 所示。

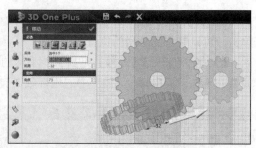

图 12-76   图 12-77

【距离】是指移动的距离，如图 12-78 所示。

【角度】是指旋转的角度，如图 12-79 所示。

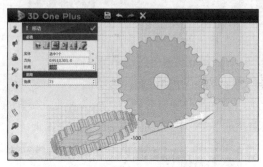

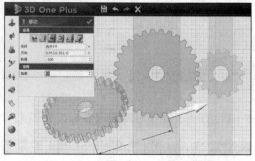

图 12-78   图 12-79

- 【绕方向移动】用于将实体绕指定的方向旋转。在使用此功能时，所有草图副本会被锁定。

【实体】是指要旋转的造型，如图 12-80 所示。

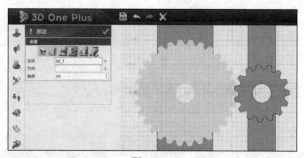

图 12-80

【方向】是指旋转的参考方向，如图 12-81 所示。

【角度】是指几何体绕所选方向旋转的角度，如图 12-82 所示。

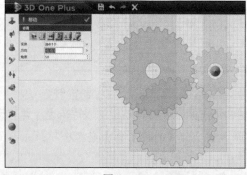

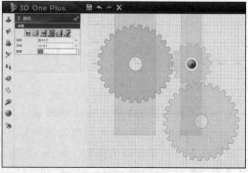

图 12-81   图 12-82

- 【对齐坐标移动】通过将参考坐标系（基准面或平面）对齐到另一个坐标系来移动实体。在使用这个功能的时候，所有的草图副本会被锁定。

【实体】是指要移动的造型，如图 12-83 所示。

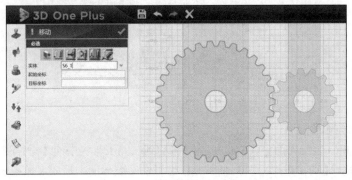

图 12-83

【起始坐标】是指移动开始的参考坐标。【目标坐标】是指移动的目标坐标，如图 12-84 所示。

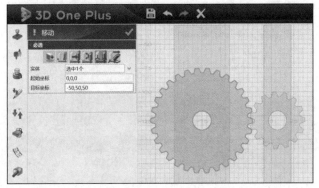

图 12-84

（2）由自动爆炸添加

在手动添加爆炸步骤前，可先进行自动爆炸装配。单击【由自动爆炸添加】按钮，在弹出的命令窗口中输入炸开距离，可单击【预览】按钮查看爆炸效果。在自动爆炸后，可手动调整爆炸步骤，如图 12-85 所示。

- 单击【预览】按钮可查看自动爆炸效果，如图 12-86 所示。

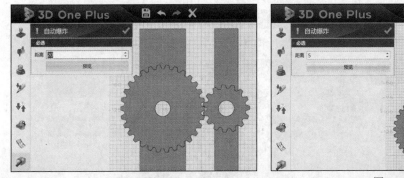

图 12-85　　　　　　　　　　　图 12-86

- 【名称】是指爆炸视图的名称，同一个配置下不允许存在同名的爆炸视图，如图 12-87 所示。

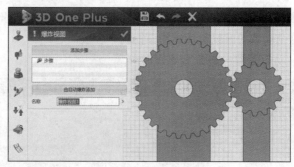

图 12-87

2. 切换爆炸视图

在 3D One Plus 装配界面中，将鼠标指针移动到左侧工具栏中的【爆炸视图】命令 上，在其子菜单中选择【切换爆炸视图】命令 ，可以在装配界面中播放爆炸视图动画。【切换爆炸视图】命令窗口中提供一个爆炸视图列表框，在其中选择相应的爆炸视图名称即可查看该爆炸视图动画，如图 12-88 所示。

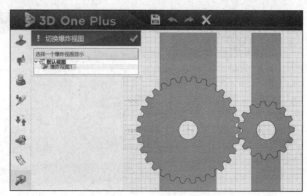

图 12-88

12.9 颜色

在 3D One Plus 装配界面中，将鼠标指针移动到命令工具栏中的【颜色】命令 上并单击以选择该命令，可以在工作台中对造型、曲面、组件、块的材质进行渲染，如图 12-89 所示。

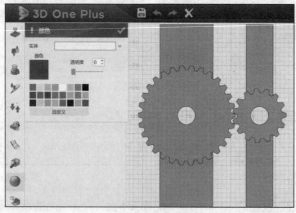

图 12-89

12.10 输出

1. 导出组件

在 3D One Plus 装配界面中，将鼠标指针移动到命令工具栏中的【输出】命令 上，在其子菜单中选择【导出组件】命令 ，可从装配界面切换到软件界面。在切换界面前，软件会提示保存当前配置，如图 12-90 所示。

2. 输出到工程图

在 3D One Plus 装配界面中，将鼠标指针移动到命令工具栏中的【输出】命令 上，在其子菜单中选择【输出到工程图】命令 ，可从装配界面切换到工程图界面，如图 12-91 所示。

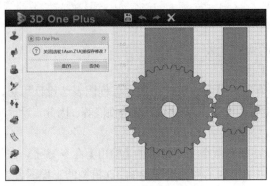

图 12-90

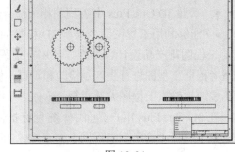

图 12-91

第 13 章

工程图操作

【学习目标】
- 了解 3D One Plus 中工程图的作用。
- 掌握 3D One Plus 中工程图相关命令的使用方法。
- 能够利用工程图命令绘制 3D 模型的工程图。

工程图是产品设计、生产、使用全过程信息的集合。设计师通过工程图表达设计思想，制造者根据工程图进行生产、检验和调试，使用者借助工程图了解结构性能等。因此，设计师精确快速地输出工程图尤其重要。

在 3D One Plus 用户界面中，将鼠标指针移动到命令工具栏中的【输出】命令🖱️上，在其子菜单中选择【输出到工程图】命令🖱️，可以切换到工程图界面绘制 3D 模型的工程图。

13.1 布局

1. 布局

在 3D One Plus 工程图界面中，将鼠标指针移动到命令工具栏中的【布局】命令🖥️上，在其子菜单中选择【布局】命令🖥️，可以在工作台中打开一个 3D 零件的文件，并生成该零件的多个布局视图。

- 【文件/零件】下拉列表中包含当前激活进程打开的 3D 文件，可从中选择一个文件，默认选择激活文件，如图 13-1 所示。

图 13-1

也可以单击文件夹按钮，使用文件浏览器选择一个文件，如图 13-2 所示。

单击搜索按钮后，在输入框中输入零件名称，列表框中会显示对应的零件，如图 13-3 所示。

图 13-2

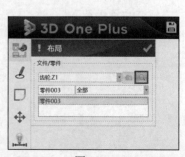

图 13-3

2. 标准

在 3D One Plus 工程图界面中，将鼠标指针移动到命令工具栏中的【布局】命令 📷 上，在其子菜单中选择【标准】命令 ✐，可以在工作台中为 3D 零件创建一个标准布局视图。

- 【文件/零件】下拉列表中包含当前激活进程打开的 3D 文件，可从中选择一个文件，默认选择激活文件，如图 13-4 所示。

也可以单击文件夹按钮，使用文件浏览器选择一个文件，如图 13-5 所示。

图 13-4   图 13-5

单击搜索按钮后，在输入框中输入零件名称，列表框中会显示对应的零件，如图 13-6 所示。

- 【视图】是指工程图的视图，可从其下拉列表中选择一个视图。其下拉列表中包括 14 个选项，分别是【左视图】【右视图】【顶视图】【底视图】【前视图】【后视图】【轴测图】【左前上轴测】【左前下轴测】【左后上轴测】【左后下轴测】【右前下轴测】【右后上轴测】【右后下轴测】，如图 13-7 所示。

图 13-6   图 13-7

- 【位置】是指所选视图的位置，可在工程图框内单击或直接在【位置】输入框中输入坐标来确定位置，如图 13-8 所示。

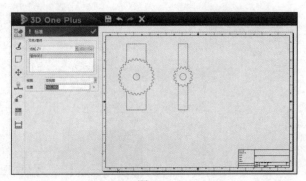

图 13-8

3. 投影

在 3D One Plus 工程图界面中，将鼠标指针移动到命令工具栏中的【布局】命令🔳上，在其子菜单中选择【投影】命令🔲，可以在工作台中为 3D 零件创建由另一个现有三维布局视图投影的视图。【投影】命令🔲需配合【布局】命令🔳使用。

- 【基准视图】是指用来创建投影视图的三维布局视图，如图 13-9 所示。
- 【位置】是指视图的位置，移动鼠标指针至顶部、底部、左侧或右侧，可以创建相应位置上的一个投影视图，如图 13-10 所示。

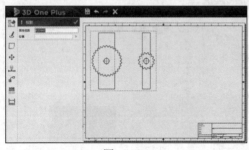 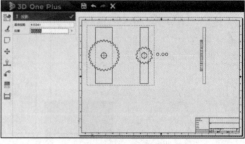

| 图 13-9 | 图 13-10 |

4. 辅助视图

在 3D One Plus 工程图界面中，将鼠标指针移动到命令工具栏中的【布局】命令🔳上，在其子菜单中选择【辅助视图】命令🔩，可以在工作台中为 3D 零件创建一个辅助视图，即从另一布局视图的一条边垂直投影得到的视图。

- 【基准视图】是指用来创建辅助视图的三维布局视图，如图 13-11 所示。
- 【直线】是指用来定义辅助平面视图的直线，如图 13-12 所示。

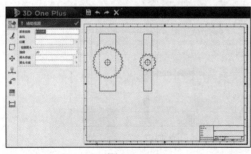 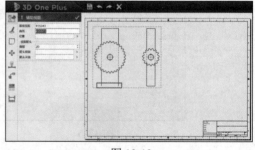

| 图 13-11 | 图 13-12 |

- 【位置】是指视图的位置，如图 13-13 所示。

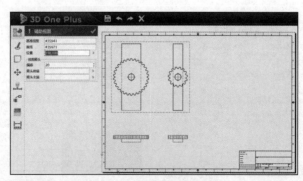

图 13-13

5. 全剖视图

在 3D One Plus 工程图界面中，将鼠标指针移动到命令工具栏中的【布局】命令 🔧 上，在其子菜单中选择【全剖视图】命令 🔩，可以在工作台中为 3D 零件创建某个方向上的全剖视图。

- 【基准视图】是指用来创建全剖视图的三维布局视图，如图 13-14 所示。
- 【点】是指剖面的点，如图 13-15 所示。

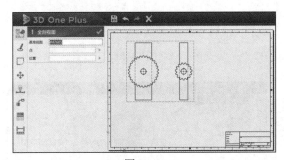
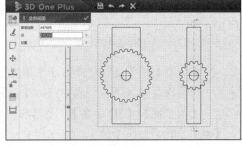

图 13-14　　　　　　　　　　　　　　　　图 13-15

- 【位置】是指剖面视图的位置，如图 13-16 所示。

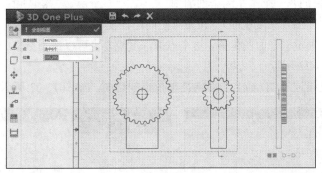

图 13-16

6. 局部剖

在 3D One Plus 工程图界面中，将鼠标指针移动到命令工具栏中的【布局】命令 🔧 上，在其子菜单中选择【局部剖】命令 🔩，可以在工作台中为 3D 零件创建一个内部的剖视图。零件视图被切去部分后变为可显示零件内部的剖视图。局部剖视图会直接修改选择的基准视图，而不是重新创建一个新视图。

- 【基准视图】是指用来创建局部剖视图的三维布局视图，如图 13-17 所示。
- 【边界】是指定义边界的点，包括圆形边界、矩形边界、多段线边界 3 种。

圆形边界是指选择两个点，分别定义圆心和半径，如图 13-18 所示。

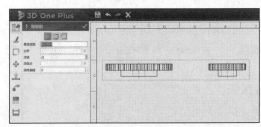
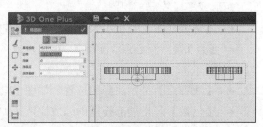

图 13-17　　　　　　　　　　　　　　　　图 13-18

矩形边界是指选择两个点，分别定义矩形对角线上的两个点，如图 13-19 所示。

多段线边界是指选择 3 个或更多点来定义边界，如图 13-20 所示。

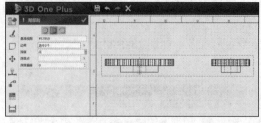

图 13-19

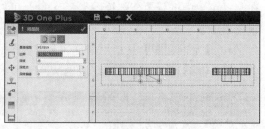

图 13-20

- 【深度】用于选择一个方法来确定剖切的深度，其下拉列表中包括【点】【剖平面】【3D 命名】3 个选项。

【点】是指通过位于边上的点来定义一个剖切面，也可以从所选点的位置开始偏移剖切面，如图 13-21 所示。

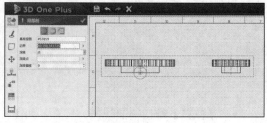

图 13-21

【剖平面】用来创建一个类型为全部的剖面视图。选择一个视图（深度视图），在三维空间中该视图应与基准视图垂直，然后在所选视图上选择一个点来确定剖平面的位置，这个点即深度点，也可以选择更多的点（偏移点）来创建阶梯线，如图 13-22 所示。

【3D 命名】是指通过 3D 命名剖面特征来指定剖切面，如图 13-23 所示。

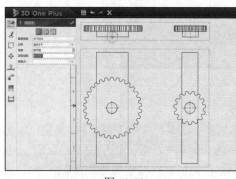

图 13-22

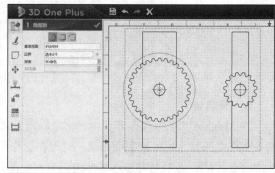

图 13-23

7. 局部

在 3D One Plus 工程图界面中，将鼠标指针移动到命令工具栏中的【布局】命令 上，在其子菜单中选择【局部】命令 ，可以在工作台中根据另一个 3D 布局视图为 3D 零件创建圆形、矩形或多段线局部视图。

- 【基准视图】是指用来创建局部视图的布局视图，如图 13-24 所示。
- 【点】是指圆心点、直径点、对角点或多线段点，用来确定局部视图的边界，如图 13-25 所示。
- 【注释点】是指注释的位置，如图 13-26 所示。
- 【倍数】是指局部视图的缩放比例，如图 13-27 所示。
- 【位置】是指局部视图的位置，如图 13-28 所示。

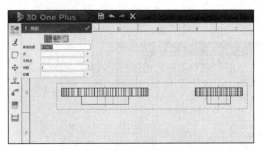

图 13-24

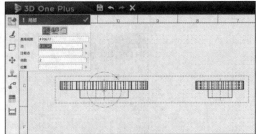

图 13-25

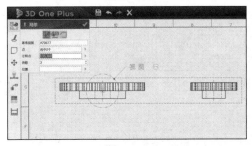

图 13-26

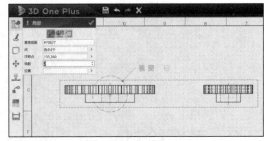

图 13-27

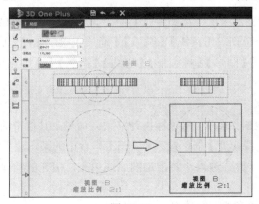

图 13-28

8. 断裂

在 3D One Plus 工程图界面中，将鼠标指针移动到命令工具栏中的【布局】命令 📐 上，在其子菜单中选择【断裂】命令 📄，可以在工作台中创建零件的断裂视图。【断裂】命令窗口中包括【水平】【垂直】【倾斜角】3 种创建断裂视图的方式。

- 【基准视图】是指用来创建断裂视图的基准视图，如图 13-29 所示。
- 【点】是指用来确定打断线的点，第一个点是打断线的起点，第二个点是打断线的终点，如图 13-30 所示。

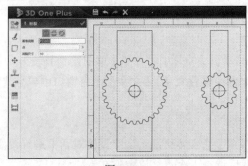

图 13-29

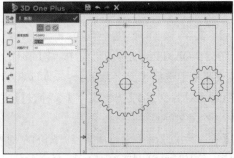

图 13-30

- 【间隙尺寸】是指打断线之间的距离，如图 13-31 所示。

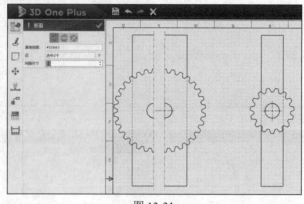

图 13-31

13.2 草图绘制

3D One Plus 工程图界面中的【草图绘制】命令 可以提高用户绘制工程图的效率，其中包括【矩形】【圆形】【椭圆形】【直线】【圆弧】【通过点绘制曲线】【剖面线填充】【文字】8 种草图绘制功能，【矩形】【圆形】【椭圆形】【直线】【圆弧】【通过点绘制曲线】6 种草图绘制功能可参考本书第 3 章。

1. 剖面线填充

在 3D One Plus 工程图界面中，将鼠标指针移动到命令工具栏中的【草图绘制】命令 上，在其子菜单中选择【剖面线填充】命令 ，可以在工作台中的某一边界内创建剖面线填充。【剖面线填充】命令 可用于拆分边界，并指定剖面线填充，填充的实体可传递到剖面图的各局部视图中。

- 【实体】是指一个或多个闭合的实体，如图 13-32 所示。
- 【内部】是指一个用于指示待填充的区域的点，如图 13-33 所示。

图 13-32

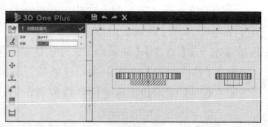

图 13-33

2. 文字

在 3D One Plus 工程图界面中，将鼠标指针移动到命令工具栏中的【草图绘制】命令 上，在其子菜单中选择【文字】命令 ，可以在工作台中设置文字。【文字】命令窗口中包括【在文字点】【对齐文字】【方框文字】3 种设置文字的方式。

（1）在文字点

【在文字点】用于创建从某点开始的左对齐文字。新文本可通过文字属性对话框进行设置。可以通过编辑器添加特殊字符。先输入文字，然后选择一个点，以定位文本。

- 【点 1】是指一个插入点，用来定位文本，如图 13-34 所示。
- 【文字】是指输入的文本，如图 13-35 所示。

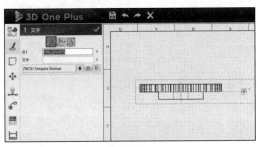

图 13-34

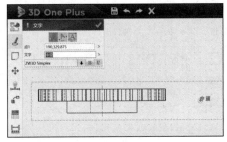

图 13-35

（2）对齐文字

【对齐文字】用于创建从某点开始的左对齐文字，第二个点用于确定文本的对齐方向。

- 【点 1】是指一个插入点，用来定位文本，文本将围绕该点旋转，如图 13-36 所示。
- 【点 2】是指用来对齐文本的第二个点，如图 13-37 所示。

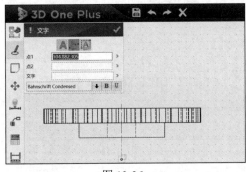

图 13-36

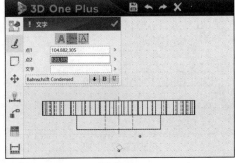

图 13-37

- 【文字】是指输入的文本，如图 13-38 所示。

（3）方框文字

【方框文字】用于在由两点定义的方框中创建垂直居中的文字。

- 【点 1】是指方框的左下角的顶点，如图 13-39 所示。

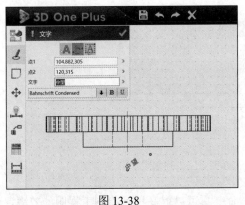

图 13-38

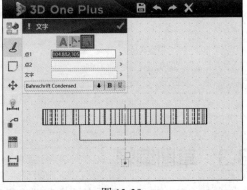

图 13-39

- 【点 2】是指方框的右上角的顶点，如图 13-40 所示。
- 【文字】是指输入的文本，如图 13-41 所示。

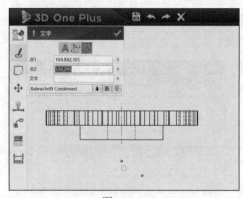 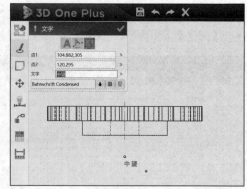

图 13-40　　　　　　　　　　　　　　　图 13-41

（4）文字属性设置

- 【字体选择】用来设置文字的字体，所选的字体将显示在预览窗口中，如图 13-42 所示。
- 【粗体】用来将所选文字加粗，如图 13-43 所示。

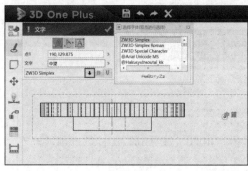 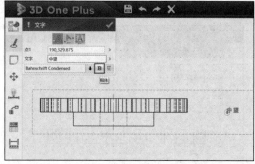

图 13-42　　　　　　　　　　　　　　　图 13-43

- 【下划线】用来为所选文字加下划线，如图 13-44 所示。

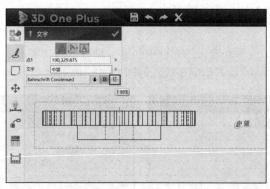

图 13-44

13.3　草图编辑

3D One Plus 工程图界面中的【草图编辑】命令可以提高用户绘制工程图的效率，包括【圆角】【倒角】【单击修剪】【修剪/延伸曲线】【偏移曲线】5 种草图编辑功能，可参考本书第 3 章。

13.4 基本编辑

3D One Plus 工程图界面中的【基本编辑】命令 ✛ 可以提高用户绘制工程图的效率，包括【移动】【缩放】【阵列】【镜像】【复制】【旋转】6 种基本编辑功能，其中【移动】【缩放】【阵列】【镜像】可参考本书第 8 章。

1. 复制

在 3D One Plus 工程图界面中，将鼠标指针移动到命令工具栏中的【基本编辑】命令 ✛ 上，在其子菜单中选择【复制】命令 ⬚，可以在工作台中复制草图。【复制】命令窗口中包括【点到点复制】【沿方向复制】两种复制草图的方式。

（1）点到点复制

【点到点复制】用于将草图或工程图实体从一个位置复制到另一个位置。

- 【实体】用于指定要复制的实体，如图 13-45 所示。
- 【起始点】用于指定复制的起始点，如图 13-46 所示。

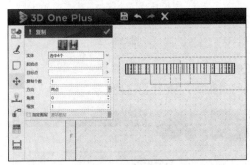 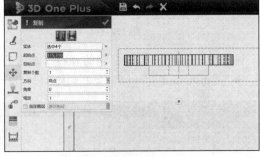

图 13-45   图 13-46

- 【目标点】用于指定复制的目标点，如图 13-47 所示。
- 【复制个数】用于指定复制的数量，如图 13-48 所示。

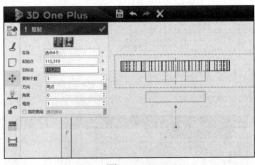 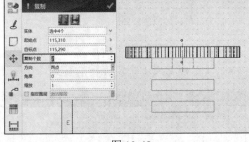

图 13-47   图 13-48

- 【方向】用于确定复制的方向，其下拉列表中包括【两点】【水平】【垂直】3 个选项。

【两点】是指方向由两个点来确定，如图 13-49 所示。

【水平】是指方向为水平方向，如图 13-50 所示。

【垂直】是指方向为垂直方向，如图 13-51 所示。

（2）沿方向复制

【沿方向复制】用于沿线性方向复制实体到一个指定距离对应的位置，也可用于旋转实体。

- 【实体】用于指定要复制的实体，如图 13-52 所示。

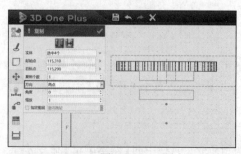

图 13-49

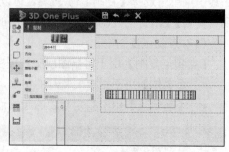

图 13-50

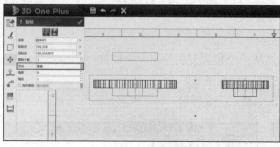
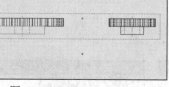

图 13-51

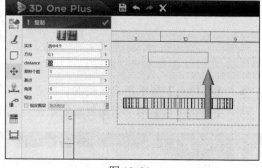

图 13-52

- 【方向】用于指定复制的方向，如图 13-53 所示。
- 【distance】用于指定复制起始点与目标点间的距离，如图 13-54 所示。

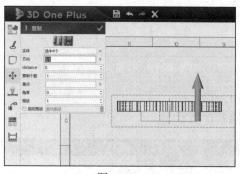

图 13-53

图 13-54

- 【复制个数】用于指定复制的数量，如图 13-55 所示。
- 【基点】用于指定旋转的基点，如图 13-56 所示。

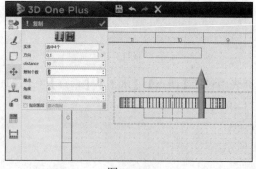

图 13-55

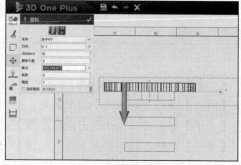

图 13-56

- 【角度】用于指定旋转的角度（角度按逆时针方向测定），如图 13-57 所示。

- 【缩放】用于指定复制的实体的缩放比例，如图 13-58 所示。

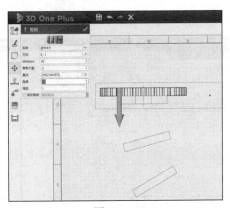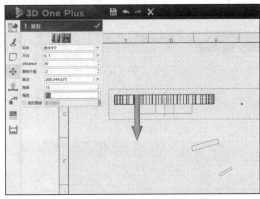

图 13-57   图 13-58

- 【指定图层】用于将所选的对象复制到某个图层。勾选该选项后，其下拉列表中的图层排列情况与图层管理器的排列情况相同，其中包括【激活图层】和【Layer0000】两个选项，如图 13-59 所示。

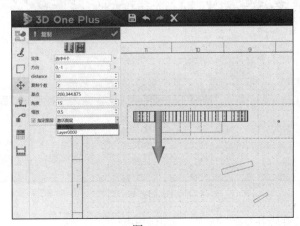

图 13-59

2. 旋转

在 3D One Plus 工程图界面中，将鼠标指针移动到命令工具栏中的【基本编辑】命令 ✛ 上，在其子菜单中选择【旋转】命令 🔄，可以在工作台中旋转和复制实体。

（1）旋转

- 【实体】是指要旋转的实体，如图 13-60 所示。
- 【基点】是指旋转的基点，如图 13-61 所示。

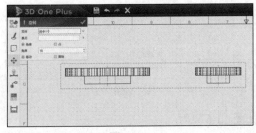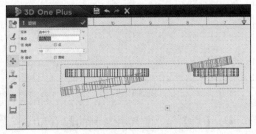

图 13-60   图 13-61

- 【角度】是指旋转的角度（按逆时针方向测定的），如图 13-62 所示。
- 【点】是指旋转的起点和终点，如图 13-63 所示。

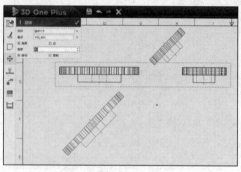
图 13-62

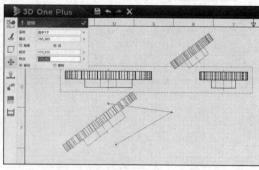
图 13-63

（2）旋转并复制

- 【实体】是指要旋转并复制的实体，如图 13-64 所示。

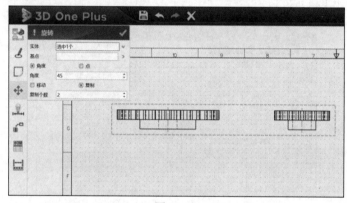
图 13-64

- 【基点】是指旋转并复制的基点，如图 13-65 所示。
- 【角度】是指旋转的角度（按逆时针方向测定的），如图 13-66 所示。

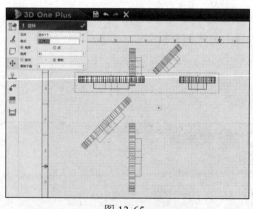
图 13-65

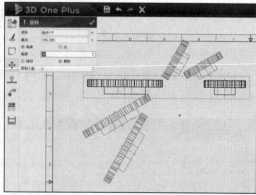
图 13-66

- 【点】是指旋转并复制的起点和终点，如图 13-67 所示。
- 【复制个数】是指要复制的数量，如图 13-68 所示。

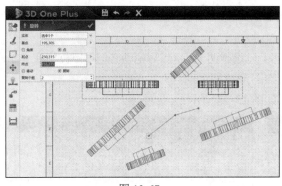
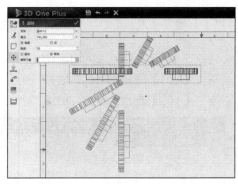

图 13-67 图 13-68

13.5 标注

1. 标注

在 3D One Plus 工程图界面中，将鼠标指针移动到命令工具栏中的【标注】命令 上，在其子菜单中选择【标注】命令 ，可以在工程图中创建标注。【标注】命令窗口中包括【自动】【水平】【垂直】对齐 4 种标注方式。

- 【点 1】是指标注的第一个点，如图 13-69 所示。
- 【点 2】是指标注的第二个点，如图 13-70 所示。

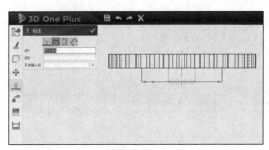

图 13-69 图 13-70

- 【文本插入点】是指用来定位标注文本的点，如图 13-71 所示。

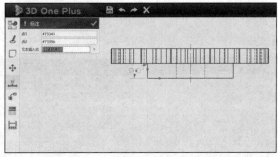

图 13-71

2. 线性标注

在 3D One Plus 工程图界面中，将鼠标指针移动到命令工具栏中的【标注】命令 上，在其子菜单中选择【线性标注】命令 ，可以在模型的两点之间创建线性标注。【线性标注】命令窗口中包括【水平】【垂直】【对齐】【旋转】【投影】5 种标注方式。

（1）水平

【水平】用于在两点之间创建线性水平标注，先选择两个点，然后拖动它们以定位标注文本。

- 【点 1】是指水平标注的第一个点，如图 13-72 所示。
- 【点 2】是指水平标注的第二个点，如图 13-73 所示。

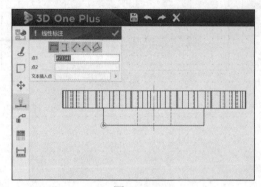 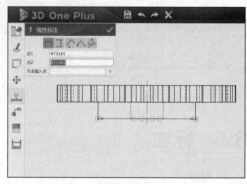

图 13-72   图 13-73

- 【文本插入点】是指用来定位标注文本的点，如图 13-74 所示。

（2）垂直

【垂直】用于在两点之间创建线性垂直标注，先选择两个点，然后拖动它们以定位标注文本。

- 【点 1】是指垂直标注的第一个点，如图 13-75 所示。

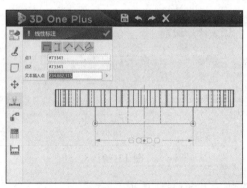 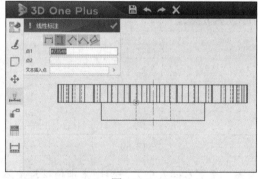

图 13-74   图 13-75

- 【点 2】是指垂直标注的第二个点，如图 13-76 所示。
- 【文本插入点】是指用来定位标注文本的点，如图 13-77 所示。

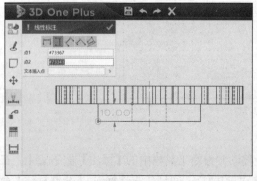 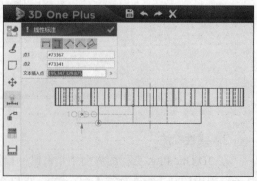

图 13-76   图 13-77

（3）对齐

【对齐】用于在两点之间创建线性对齐标注，先选择两个点，然后拖动它们以定位标注文本。

- 【点1】是指对齐标注的第一个点，如图13-78所示。
- 【点2】是指对齐标注的第二个点，如图13-79所示。

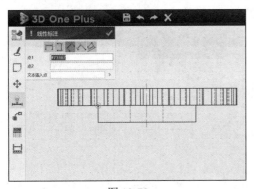
图 13-78

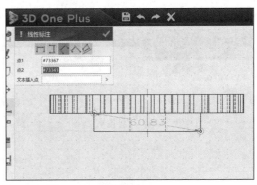
图 13-79

- 【文本插入点】是指用来定位标注文本的点，如图13-80所示。

（4）旋转

【旋转】用于在两点之间创建线性旋转标注，先选择两个标注点，然后输入旋转角度，最后拖动标注点以定位标注文本。

- 【点1】是指旋转标注的第一个点，如图13-81所示。

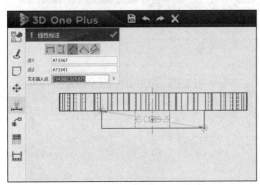
图 13-80

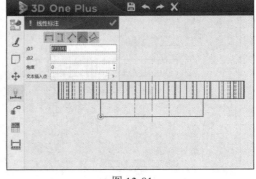
图 13-81

- 【点2】是指旋转标注的第二个点，如图13-82所示。
- 【角度】是指旋转的角度，如图13-83所示。

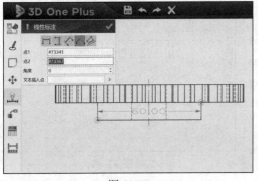
图 13-82

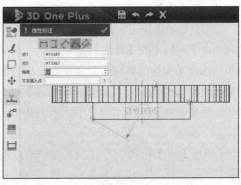
图 13-83

- 【文本插入点】是指用来定位标注文本的点，如图 13-84 所示。

（5）投影

【投影】用于在两点之间创建线性标注，并使之垂直投影于某一直线。先选择两个标注点，然后选择要投影的直线，最后拖动标注点以定位标注文本。

- 【点 1】是指线性标注的第一个点，如图 13-85 所示。

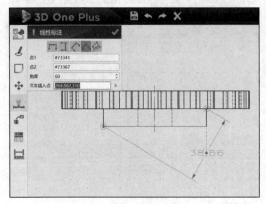

| 图 13-84 | 图 13-85 |

- 【点 2】是指线性标注的第二个点，如图 13-86 所示。
- 【直线】是指投影的位置，如图 13-87 所示。

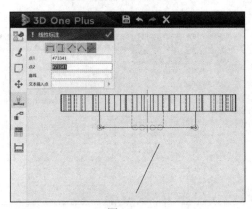

| 图 13-86 | 图 13-87 |

- 【文本插入点】是指用来定位标注文本的点，如图 13-88 所示。

3. 线性偏移标注

在 3D One Plus 工程图界面中，将鼠标指针移动到命令工具栏中的【标注】命令 上，在其子菜单中选择【线性偏移标注】命令 ，可在工程图中创建线性偏移标注。【线性偏移标注】命令窗口中包括【偏移】【投影距离】两种标注方式。

（1）偏移

【偏移】用于在两条平行线之间创建线性偏移标注。先选择需标注的两条线，然后拖动它们以定位标注文本。

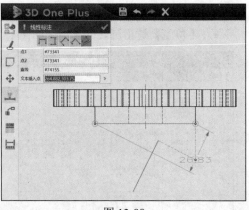

图 13-88

- 【直线】是指要标注的第一条线，如图 13-89 所示。
- 【直线】是指要标注的第二条线，如图 13-90 所示。

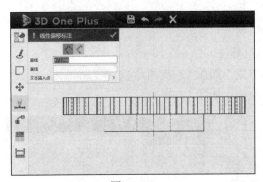
图 13-89

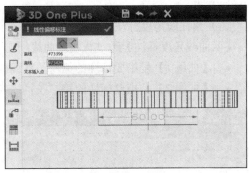
图 13-90

- 【文本插入点】是指用来定位标注文本的点，如图 13-91 所示。

（2）投影距离

【投影距离】用于创建投影一个点到一条线的垂直线性标注。先选择一条线和需标注的点，然后拖动它们以定位标注文本。

- 【直线】是指要标注的某条线，如图 13-92 所示。

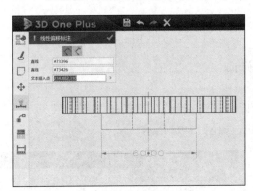
图 13-91

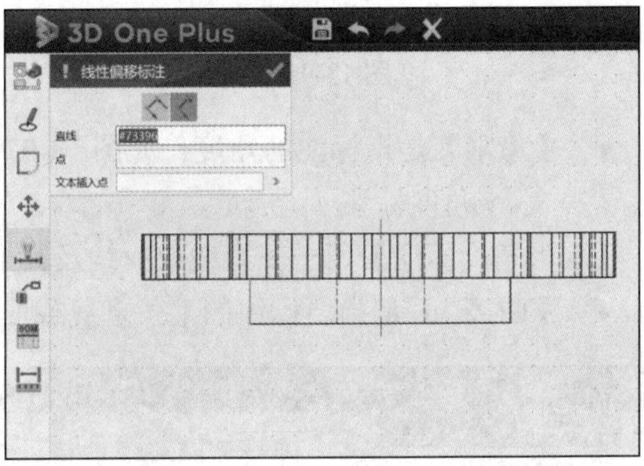

图 13-92

- 【点】是指要标注的点，如图 13-93 所示。
- 【文本插入点】是指用来定位标注文本的点，如图 13-94 所示。

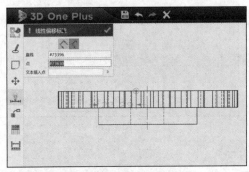
图 13-93

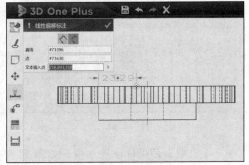
图 13-94

4. 角度标注

在 3D One Plus 工程图界面中，将鼠标指针移动到命令工具栏中的【标注】命令 上，在其子菜单中选择【角度标注】命令 ⊿，在工程图中创建角度标注。【角度标注】命令窗口中包括【两曲线角度标注】【水平角度标注】【垂直角度标注】【三点角度标注】【弧长角度标注】5种标注方式。

（1）两曲线角度标注

【两曲线角度标注】通过直线或曲线创建角度标注。

- 【曲线1】是指要标注的第一条直线或曲线，如图 13-95 所示。
- 【曲线2】是指要标注的第二条直线或曲线，如图 13-96 所示。

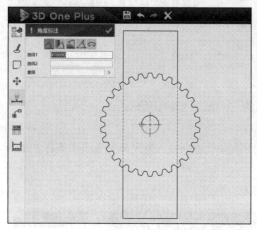
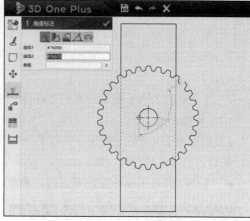

图 13-95   图 13-96

- 【象限】是指标注的角度，如图 13-97 所示。

（2）水平角度标注

【水平角度标注】用于在直线或曲线及其最近的水平参照点之间创建角度标注。

- 【曲线1】是指要标注的某条直线或曲线，如图 13-98 所示。

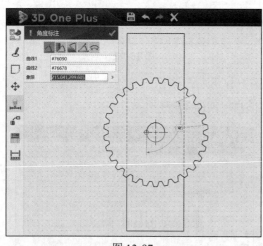

图 13-97   图 13-98

- 【象限】是指标注的角度，如图 13-99 所示。

（3）垂直角度标注

【垂直角度标注】用于在直线或曲线及其最近的垂直参照点之间创建角度标注。

- 【曲线1】是指要标注的某条直线或曲线，如图 13-100 所示。

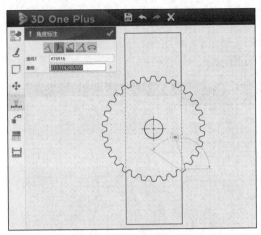

图 13-99

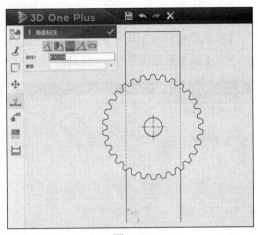

图 13-100

- 【象限】是指标注的角度，如图 13-101 所示。

（4）三点角度标注

【三点角度标注】用于创建由 3 个点定义的角度标注，其中第二个点定义角的顶点。

- 【起点】是指标注的起始点，如图 13-102 所示。

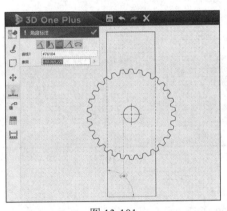

图 13-101

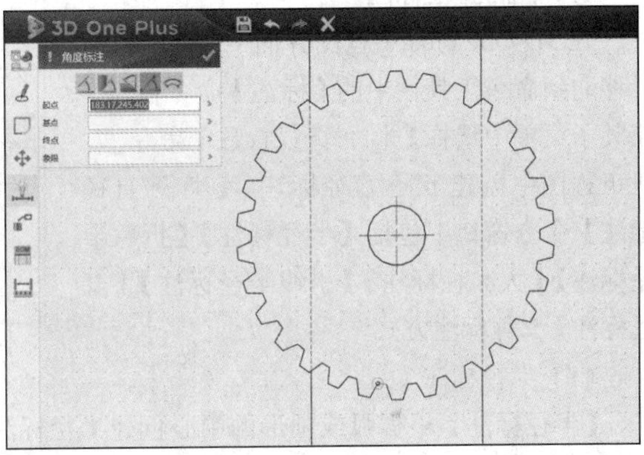

图 13-102

- 【基点】是指角的顶点，如图 13-103 所示。
- 【终点】是指标注的终止点，如图 13-104 所示。

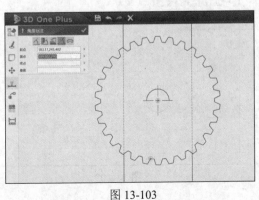

图 13-103

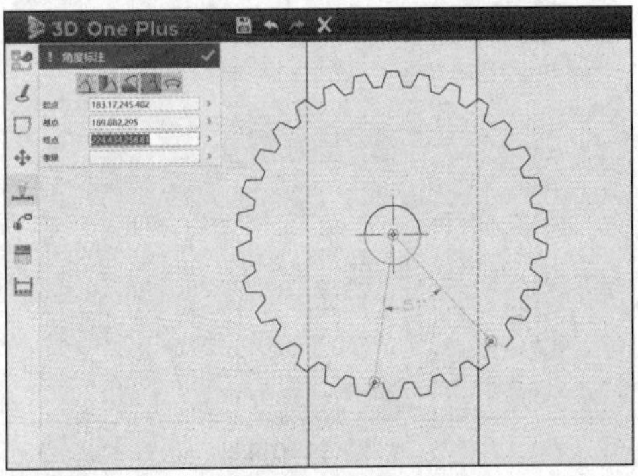

图 13-104

- 【象限】是指标注的角度，如图 13-105 所示。

（5）弧长角度标注

【弧长角度标注】用于创建弧长的角度标注。

- 【弧长】是指要标注的弧长，如图 13-106 所示。

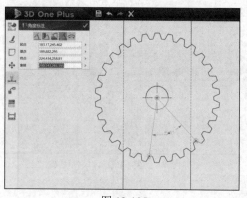

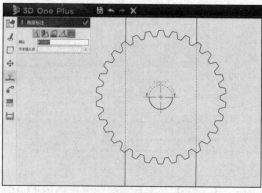

图 13-105　　　　　　　　　　　　　图 13-106

- 【文本插入点】是指用来定位标注文本的点，如图 13-107 所示。

5. 半径/直径标注

在 3D One Plus 工程图界面中，将鼠标指针移动到命令工具栏中的【标注】命令 上，在其子菜单中选择【半径/直径标注】命令，在工程图中创建半径/直径标注。【半径/直径标注】命令窗口中包括【半径标注】【折弯半径标注】【大半径标注】【引线半径标注】【直径标注】5 种标注方式。

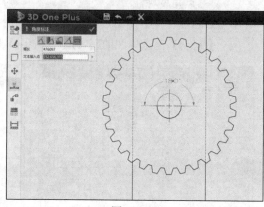

图 13-107

（1）半径标注

【半径标注】根据弧或圆形的中心创建半径标注。

- 【圆弧】是指要标注的弧或圆形，如图 13-108 所示。
- 【文本插入点】是指用来定位标注文本的点，如图 13-109 所示。

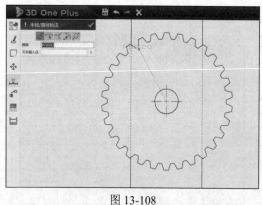

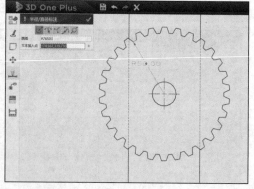

图 13-108　　　　　　　　　　　　　图 13-109

（2）折弯半径标注

【折弯半径标注】用于创建弧、曲线或圆形的折弯半径标注。

- 【圆弧】是指要标注的弧、曲线或圆形，如图 13-110 所示。
- 【折弯点】是指要引线折弯的点，如图 13-111 所示。

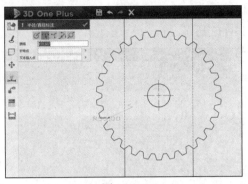
图 13-110

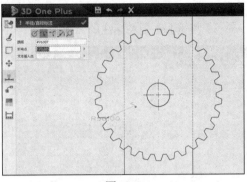
图 13-111

- 【文本插入点】是指用来定位标注文本的点，如图 13-112 所示。

（3）大半径标注

【大半径标注】用于创建弧、曲线或圆形的大半径标注。

- 【圆弧】是指要标注的弧、曲线或圆形，如图 13-113 所示。

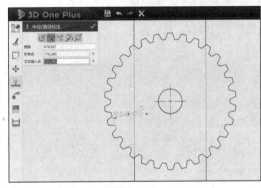
图 13-112

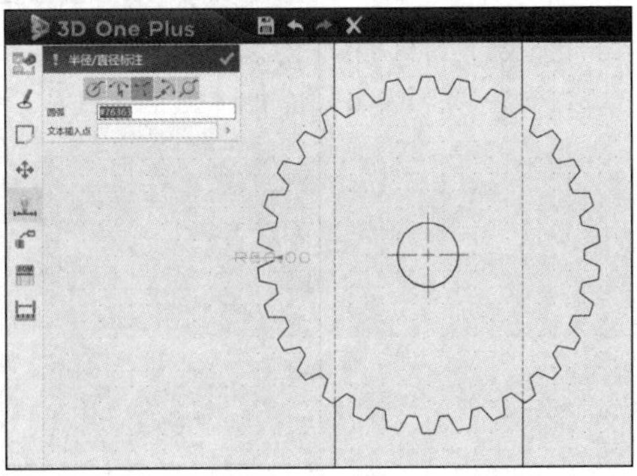

图 13-113

- 【文本插入点】是指用来定位标注文本的点，如图 13-114 所示。

（4）引线半径标注

【引线半径标注】用于创建弧、曲线或圆形的引线半径标注。它与【大半径标注】相似，不过它强制引线经过中心。

- 【圆弧】是指要标注的弧、曲线或圆形，如图 13-115 所示。

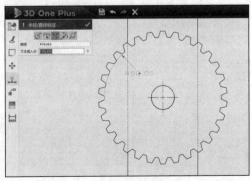
图 13-114

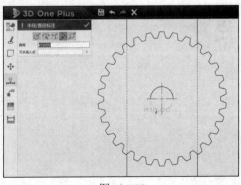
图 13-115

- 【文本插入点】是指用来定位标注文本的点，如图 13-116 所示。

（5）直径标注

【直径标注】根据弧或圆形的中心创建直径标注。

- 【圆弧】是指要标注的弧或圆形，如图 13-117 所示。

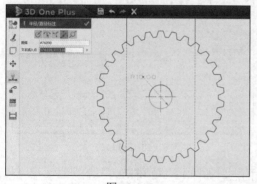
图 13-116

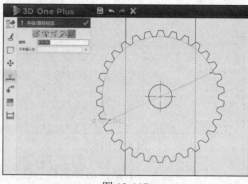
图 13-117

- 【文本插入点】是指用来定位标注文本的点，如图 13-118 所示。

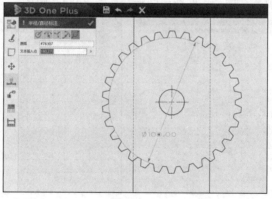
图 13-118

6. 弧长标注

在 3D One Plus 工程图界面中，将鼠标指针移动到命令工具栏中的【标注】命令 上，在其子菜单中选择【弧长标注】命令 ，在工程图中标注圆形或者弧的长度。

- 【圆弧】是指要标注的圆形或弧，如图 13-119 所示。
- 【文本插入点】是指用来定位标注文本的点，如图 13-120 所示。

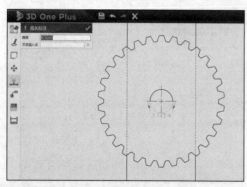
图 13-119

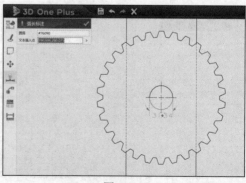
图 13-120

7. 孔标注

在 3D One Plus 工程图界面中，将鼠标指针移动到命令工具栏中的【标注】命令 ▣ 上，在其子菜单中选择【孔标注】命令 ✏️，在工程图中标注一个或多个孔的尺寸。

- 【视图】是指要标注孔尺寸的视图，如果只有一个视图，会自动选择该视图，如图 13-121 所示。
- 【孔】是指孔的圆周上的任意位置，软件会自动确定标注文本的位置，如图 13-122 所示。

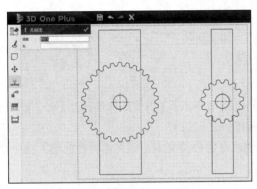
图 13-121

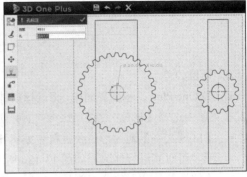
图 13-122

13.6　标签标注

1. 标签标注

在 3D One Plus 工程图界面中，将鼠标指针移动到命令工具栏中的【标签标注】命令 ▣ 上，在其子菜单中选择【标签标注】命令 ▣，可创建引线注释。在创建指向一个或多个实体的引线文字时，该类标注颇为有用。

- 【位置】是指箭头的位置，单击鼠标中键可结束位置的选择。如果仅选中两个点，确定的位置是标注文字的位置，并且不会产生引线，如图 13-123 所示。
- 【文字】是指标注的文字，如图 13-124 所示。

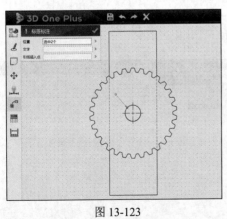
图 13-123

图 13-124

- 【引线插入点】用于指定一个或多个点来定位附加引线箭头的位置，如图 13-125 所示。

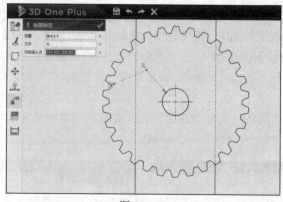

图 13-125

2. 形位公差

在 3D One Plus 工程图界面中,将鼠标指针移动到命令工具栏中的【标签标注】命令 📶 上,在其子菜单中选择【形位公差】命令 📇 ,可创建形位公差符号。

- 【FCS 文字】通过形位公差符号编辑器创建形位公差文本,该文本将在此输入框中显示,可对其进行修改,如图 13-126 所示。
- 【位置】是指形位公差符号的位置,选择一个点即可定位形位公差符号的位置。如果需要引线,选择的第一个点即引线箭头所指的位置,后续选择的点用于定义引线的其他部分,单击鼠标中键可结束位置的选择,如图 13-127 所示。

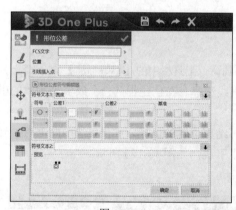

图 13-126

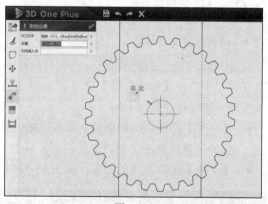

图 13-127

- 【引线插入点】可选择多个点,用于将形位公差符号添加到一个或多个引线箭头上,如图 13-128 所示。

3. 基准特征

在 3D One Plus 工程图界面中,将鼠标指针移动到命令工具栏中的【标签标注】命令 📶 上,在其子菜单中选择【基准特征】命令 🔲 ,可以创建形位公差基准特征符号,并指定符号框的形状及符号的类型。【基准特征】命令窗口中包括【常用基准特征符号】和【基于 ASNI(1982)】两种创建形位公差基准特征符号的方式。

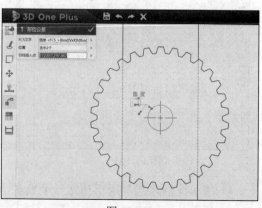

图 13-128

（1）常用基准特征符号

【常用基准特征符号】使用常用基准特征符号创建形位公差基准特征符号。

- 【基准标签】是指标签文本，默认值为 A，如图 13-129 所示。
- 【实体】是指要标注的实体，如图 13-130 所示。

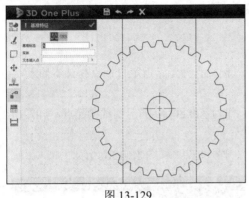

图 13-129

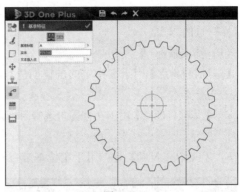

图 13-130

- 【文本插入点】是指用于定位基准特征文本的点，如图 13-131 所示。

（2）基于 ASNI（1982）

【基于 ASNI（1982）】用于创建符合 ANSI（1982）标准的形位公差基准特征符号。

- 【基准标签】是指标签文本，默认值为 A，如图 13-132 所示。

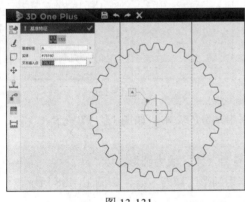

图 13-131

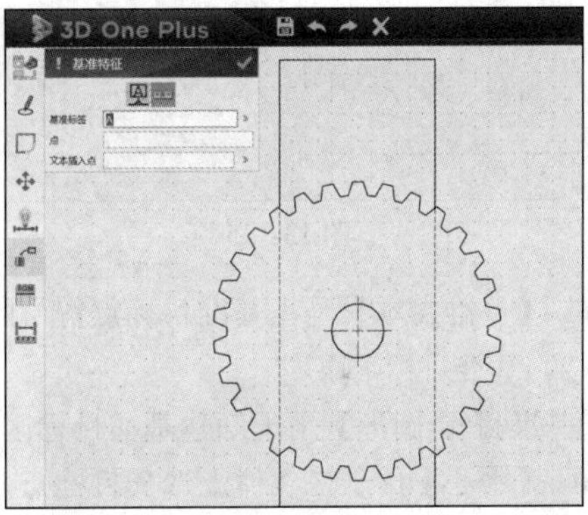

图 13-132

- 【点】是指位于几何体上的一个点，如图 13-133 所示。
- 【文本插入点】是指用于定位基准特征文本的点，如图 13-134 所示。

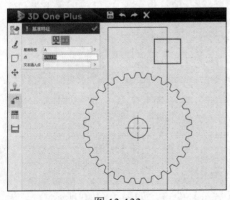

图 13-133

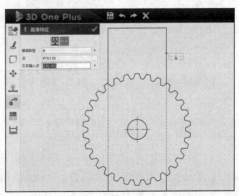

图 13-134

4. 基准目标

在 3D One Plus 工程图界面中，将鼠标指针移动到命令工具栏中的【标签标注】命令 📌 上，在其子菜单中选择【基准目标】命令 ⊘，可以在指定位置创建基准目标符号。基准目标符号是一个圆形，分为上下两部分，其中下半部分包含基准字母和基准目标编号。【基准目标】命令窗口中包括【基准目标-点】【基准目标-圆形】【基准目标-矩形】【基准目标-线】4 种创建基准目标符号的方式。

（1）基准目标-点

【基准目标-点】用于在指定的位置创建基准目标点符号，先指定目标点和文本插入点，然后输入基准文本。

- 【基准目标点】用于在视图上选择目标点，作为基准目标点符号引线的起点，如图 13-135 所示。
- 【文本插入点】是指用于定位基准目标点符号的点，如图 13-136 所示。

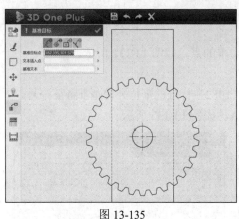

图 13-135　　　　　　　　　　　　　　图 13-136

- 【基准文本】是指基准目标点符号的下半部分的文本，如图 13-137 所示。

（2）基准目标-圆形

【基准目标-圆形】用于创建基准目标区域符号，该区域为圆形。

- 【中心】用于在实体上选择目标点，作为圆形区域的中心，如图 13-138 所示。

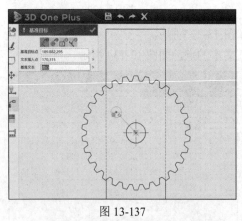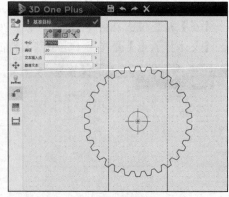

图 13-137　　　　　　　　　　　　　　图 13-138

- 【直径】是指圆形区域的直径，如图 13-139 所示。
- 【文本插入点】是指用于定位基准目标区域符号的点，如图 13-140 所示。

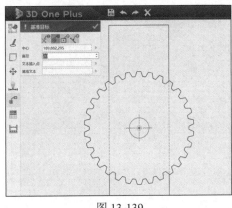

图 13-139

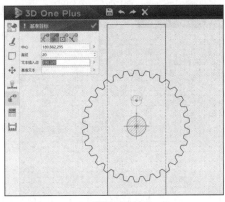

图 13-140

- 【基准文本】是指基准目标区域符号的下半部分的文本，如图 13-141 所示。

（3）基准目标-矩形

【基准目标-矩形】用于创建基准目标区域符号，该区域为矩形。

- 【中心】用于在实体上选择目标点，作为矩形区域的中心，如图 13-142 所示。

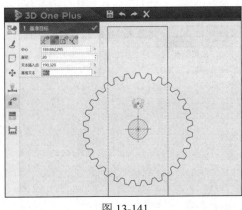

图 13-141

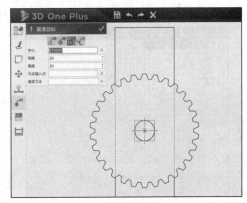

图 13-142

- 【宽度】是指矩形区域的宽度，如图 13-143 所示。
- 【高度】是指矩形区域的高度，如图 13-144 所示。

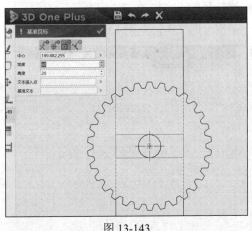

图 13-143

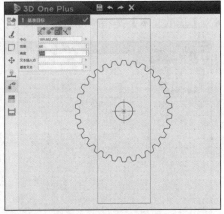

图 13-144

- 【文本插入点】是指用于定位基准目标区域符号的点，如图 13-145 所示。
- 【基准文本】是指基准目标区域符号的下半部分的文本，如图 13-146 所示。

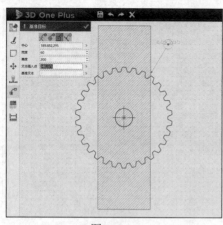

图 13-145   图 13-146

（4）基准目标-线

【基准目标-线】用于创建基准目标线符号，该符号会指向线的中点位置。

- 【点 1】是指目标线的起点，如图 13-147 所示。
- 【点 2】是指目标线的终点，如图 13-148 所示。

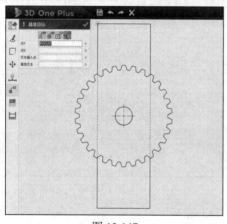

图 13-147   图 13-148

- 【文本插入点】是指用于定位基准目标线符号的点，如图 13-149 所示。
- 【基准文本】是指基准目标线符号的下半部分的文本，如图 13-150 所示。

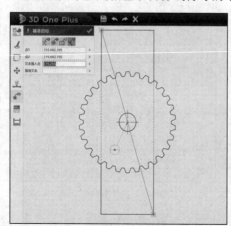

图 13-149   图 13-150

13.7　BOM 表

在 3D One Plus 工程图界面中,将鼠标指针移动到命令工具栏中的【BOM 表】命令▦上并单击以选择该命令,可通过一个布局视图(包括局部视图和剖面视图)创建一个 BOM 表。

1. 必选

- 【视图】是指与 BOM 表相关的布局视图,如图 13-151 所示。
- 【名称】是指 BOM 表的名称,该名称会出现在图纸管理器中,如图 13-152 所示。

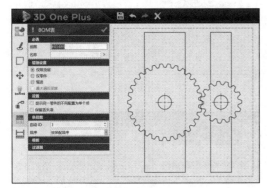
图 13-151

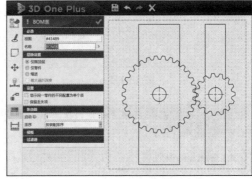
图 13-152

2. 层级设置

- 选中【仅限顶层】选项,只列举零件和子装配体,但是不列举子装配体零部件,如图 13-153 所示。
- 选中【仅零件】选项,不列举子装配体,列举子装配体零部件为单独项目,如图 13-154 所示。

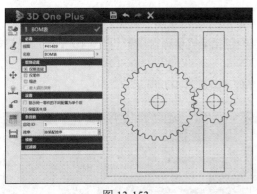

图 13-153

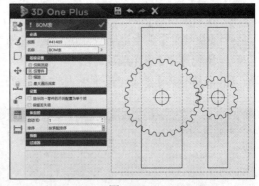
图 13-154

- 选中【缩进】选项,可列出子装配体,将子装配体零部件缩进到其子装配体下,其下拉列表中包括【No numbering】【Detailed numbering】【Flat numbering】3 个选项,如图 13-155 所示。
- 勾选【最大遍历深度】选项,可控制罗列的组件到哪一个层级为止,如图 13-156 所示。

3. 设置

- 勾选【显示同一零件的不同配置为单个项】选项,如果零部件有多个配置,零部件只列举在材料明细表的一行中,如图 13-157 所示。

- 勾选【保留丢失项】选项，可控制装配中的丢失组件是否罗列于 BOM 表中，并进一步提供 Strikethrough（删除线）设置，以区别丢失对象，如图 13-158 所示。

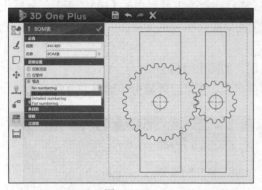

图 13-155　　　　　　　　　　　　　图 13-156

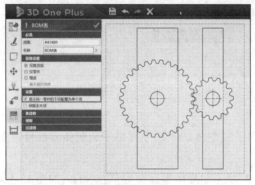
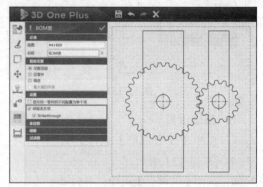

图 13-157　　　　　　　　　　　　　图 13-158

4. 条目数

- 【启动 ID】可用于指定不同的开始数，BOM 标签默认从 1 开始，如图 13-159 所示。
- 【排序】用于指定排序方式，其下拉列表中包括【按名称排序】【更新 ID 后排序】【按装配排序】3 个选项。

【按名称排序】用于按零件名称对列进行排序，如图 13-160 所示。

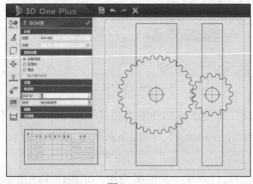
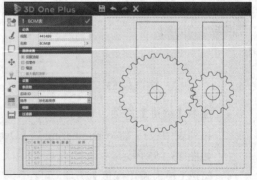

图 13-159　　　　　　　　　　　　　图 13-160

【更新 ID 后排序】用于按排序次序重新生成 BOM 标签，如图 13-161 所示。

【按装配排序】用于按组件插入的先后顺序进行排序，如图 13-162 所示。

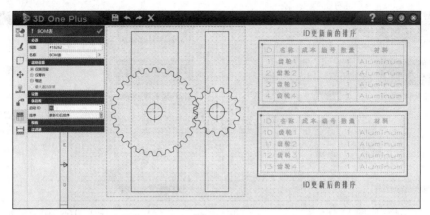

图 13-161

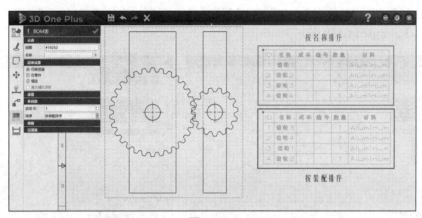

图 13-162

5. 模板

- 勾选【模板】选项后，可用选择的模板来创建表格，如图 13-163 所示。
- 【有效的】列表框中显示所有现有的零件属性，【选定】列表框中显示用户希望加入 BOM 表的零件属性，如图 13-164 所示。

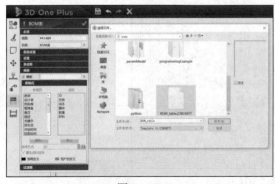

图 13-163

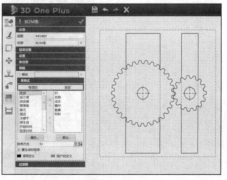

图 13-164

- 单击【属性】按钮可查看或修改表格属性，如图 13-165 所示。
- 单击【默认】按钮可将列表的内容重置为其默认内容，如图 13-166 所示。
- 【排序方式】用于对选中的列进行排序。从其下拉列表中选择列后，单击▦按钮，可将该列升序或降序排列，如图 13-167 所示。

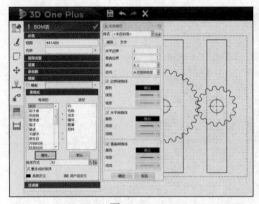

图 13-165

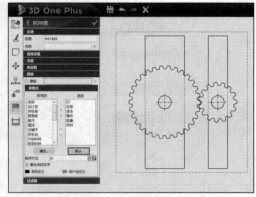

图 13-166

- 勾选【重生成时排序】选项，当装配发生变化且影响表格内容时，可在重生成时重新排序，如图 13-168 所示。

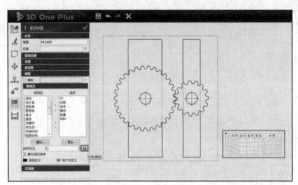

图 13-167

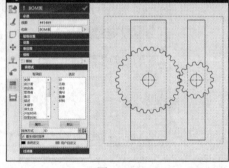

图 13-168

- 【系统定义】【用户已定义】是用于区分【选定】列表框中系统定义和用户定义的列标题，如图 13-169 所示。

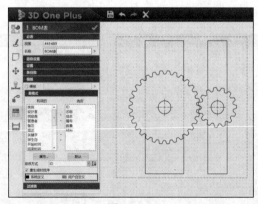

图 13-169

6. 过滤器

- 装配由不同的零件和子装配构成，基于不同的应用目的，需要不同的 BOM，如此就需要从一个总的装配结构中筛选出想要罗列的组件，勾选【BOM 过滤器】选项即可实现。
- 【编辑 BOM 过滤器】用于根据零件属性和自定义属性编辑过滤条件，如图 13-170 所示。
- 【组件】列表框中显示组件及组件中的零件，如图 13-171 所示。

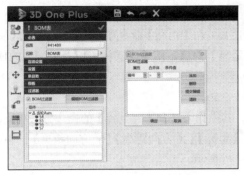

图 13-170

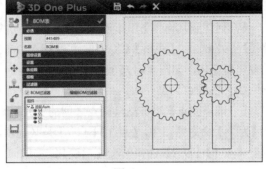

图 13-171

7. BOM 表格式编辑

工程图中的BOM表的格式可以通过表格编辑栏中的命令调整，将鼠标指针移动到 BOM 表上，会出现 BOM 表的行标和列标，单击十字箭头图标就可打开表格编辑栏，如图 13-172 所示。

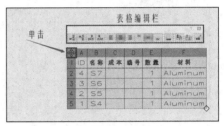

图 13-172

13.8 距离

1. 距离

在 3D One Plus 工程图界面中，将鼠标指针移动到命令工具栏中的【距离】命令▉上，在其子菜单中选择【距离】命令▉，对工程图的 2D 距离进行测量，可在点和其他实体之间进行测量，也可捕捉外部参考点进行测量。【距离】命令窗口中包括【点到点】【几何体到点】【几何体到几何体】【三维点到点】4 种测量方式。

（1）点到点

【点到点】用于测量两个点之间的距离。在【距离】命令窗口中，【点 1】【点 2】是必选项，【距离】【X 方向距离】【Y 方向距离】的值随着【点 1】【点 2】的值的变化而变化，如图 13-173 所示。

（2）几何体到点

【几何体到点】用于测量实体与点之间的距离。在【距离】命令窗口中，【实体】【点 2】是必选项，【距离】【X 方向距离】【Y 方向距离】的值，随着【实体】【点 2】的值的变化而变化，如图 13-174 所示。

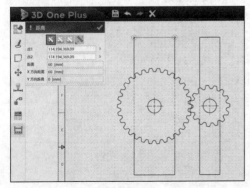

图 13-173

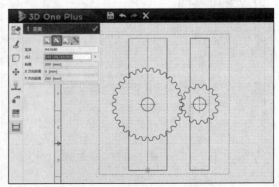

图 13-174

（3）几何体到几何体

【几何体到几何体】用于测量两个实体之间的距离。在【距离】命令窗口中，【实体 1】【实体 2】是必选项，【距离】【X 方向距离】【Y 方向距离】的值，随着【实体 1】【实体 2】的值的变化而变化，如图 13-175 所示。

（4）三维点到点

【三维点到点】用于测量两点之间的 3D 距离，其操作方法和【点到点】的操作方法相同。在【距离】命令窗口中，【点 1】【点 2】是必选项，【距离】【X 方向距离】【Y 方向距离】的值，随着【点 1】【点 2】的值的变化而变化，如图 13-176 所示。

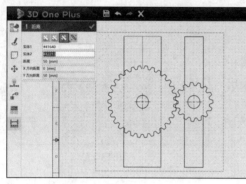

图 13-175　　　　　　　　　　　　　图 13-176

2. 角度

在 3D One Plus 工程图界面中，将鼠标指针移动到命令工具栏中的【距离】命令 📐 上，在其子菜单中选择【角度】命令 📐，对工程图的 2D 角的角度进行测量，可选择 2D 点和向量或捕捉外部参考点进行测量。【角度】命令窗口中包括【三点】【四点】【两向量】3 种测量方式。

（1）三点

【三点】用于测量 3 个点形成的角的角度。在【角度】命令窗口中，【基点】【点 1】【点 2】是必选项，角度的值随着 3 个点的变化而变化，如图 13-177 所示。

（2）四点

【四点】用于测量 4 个点形成的角的角度，【点 1】【点 2】用于定义测量的第一个向量，【点 3】【点 4】用于定义测量的第二个向量。在【角度】命令窗口中，【点 1】【点 2】【点 3】【点 4】是必选项，【角度】的值随着 4 个点的变化而变化，如图 13-178 所示。

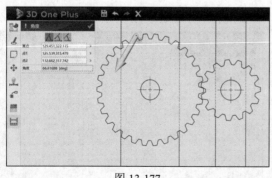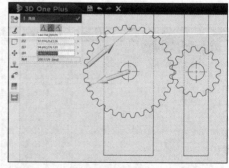

图 13-177　　　　　　　　　　　　　图 13-178

（3）两向量

【两向量】用于测量两个向量形成的角的角度。在【角度】命令窗口中，【向量 1】【向量 2】

是必选项,【角度】的值,随着两个向量的变化而变化,如图 13-179 所示。

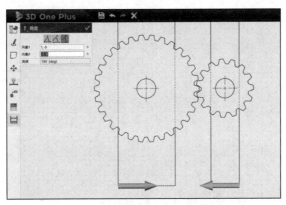

图 13-179

3. 圆弧

在 3D One Plus 工程图界面中,将鼠标指针移动到命令工具栏中的【距离】命令 <!-- icon --> 上,在其子菜单中选择【圆弧】命令 <!-- icon -->,对工程图的圆弧数据进行测量。圆弧数据主要包括半径、角度、圆心和法向。【圆弧】命令窗口中包括【三点】【曲线】两种测量方式。

(1)三点

【三点】使用 3 个点测量圆弧的数据。在【圆弧】命令窗口中,【点 1】【点 2】【点 3】是必选项,【半径】【直径】【角度】【圆心】【法向】的值,随着【点 1】【点 2】【点 3】的值的变化而变化,如图 13-180 所示。

(2)曲线

【曲线】通过曲线上的一个点测量此曲线的圆弧数据。在【圆弧】命令窗口中,【曲线点】是必选项,【半径】【直径】【角度】【圆心】【法向】的值,随着【曲线点】的值的变化而变化,如图 13-181 所示。

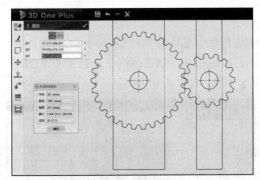

图 13-180

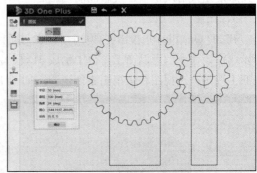

图 13-181

【学习目标】
- 了解 3D One Plus 中三视图的作用。
- 掌握 3D One Plus 中三视图相关命令的使用方法。
- 能够利用【三视图】命令 了解 3D 模型投影体系的形成与剖切/断面，全面理解形体结构。

能够正确反映物体的长、宽、高的正投影工程图称为三视图（主视图、俯视图、左视图 3 个基本视图）。一个视图只能反映物体的一个方位的形状，不能完整反映物体的结构形状。三视图是从 3 个不同方向对同一个物体进行投射的结果，还有剖面图、半剖面图等作为辅助，基本能完整地表现物体的结构。3D One Plus 提供了渐进式的三视图辅助工具，可帮助读者轻松学习三视图操作。

14.1 正投影

在 3D One Plus 用户界面中，将鼠标指针移动到命令工具栏中的【三视图】命令 上，在其子菜单中选择【正投影】命令 ，在选择模型后即可切换到正投影界面，如图 14-1 所示。正投影是指投射线平行于投影面的投影。

1. 投影

在 3D One Plus 正投影界面中，将鼠标指针移动到命令工具栏中的【投影】命令 上并单击以选择该命令，可以在工作台中生成 3D 模型的正投影视图。默认情况下，显示的是 3D 模型的主视图、左视图和顶视图 3 种视图，如图 14-2 所示。

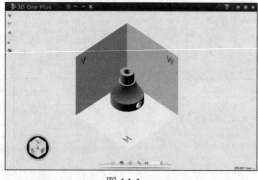

图 14-1

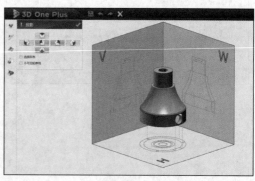

图 14-2

- 【左视图】是指沿着 X 轴正方向、与零件左面平行的视图投影，用 W 表示，如图 14-3 所示。

- 【右视图】是指沿着 X 轴负方向、与零件右面平行的视图投影，用 W1 表示，如图 14-4 所示。

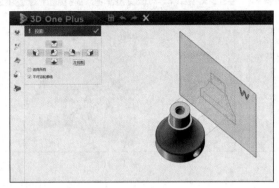
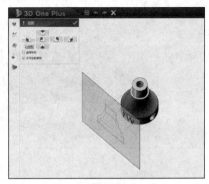

图 14-3　　　　　　　　　　　　　　　　　图 14-4

- 【顶视图】是指沿着 Z 轴负方向、与零件顶部平行的视图投影，用 H 表示，如图 14-5 所示。
- 【底视图】是指沿着 Z 轴正方向、与零件底部平行的视图投影，用 H1 表示，如图 14-6 所示。

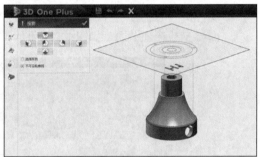

图 14-5　　　　　　　　　　　　　　　　　图 14-6

- 【主视图】是指沿着 Y 轴正方向、与零件前面平行的视图投影，用 V 表示，如图 14-7 所示。
- 【后视图】是指沿着 Y 轴负方向、与零件后面平行的视图投影，用 V1 表示，如图 14-8 所示。

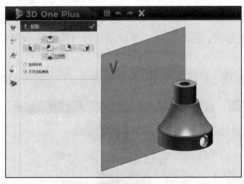
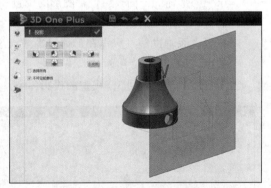

图 14-7　　　　　　　　　　　　　　　　　图 14-8

- 【选择所有】用于显示 3D 模型所有的视图投影，如图 14-9 所示。
- 【不可见轮廓线】用于设置是否显示 3D 模型内部的轮廓线，若勾选此选项，则 3D 模型内部的轮廓线显示为虚线；若不勾选此选项，则 3D 模型内部的轮廓线显示为实线，如图 14-10 所示。

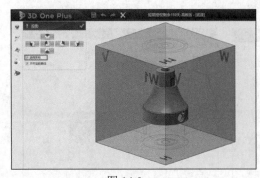 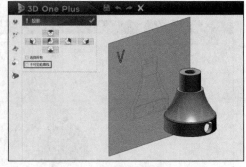

图 14-9　　　　　　　　　　　　　　　　　　图 14-10

2．展开/收回投影面

在 3D One Plus 正投影界面中，将鼠标指针移动到命令工具栏中的【展开/收回投影面】命令上并单击以选择该命令，可以在工作台中展开或收回 3D 模型的投影面。

- 【展开】是指展开 3D 模型的投影体系。以主视图（V）、左视图（W）、顶视图（H）三视图投影体系为例，其展开方法为 V 投影面不动，将 H 投影面绕 OX 轴向下旋转 90 度，使 H 投影面与 V 投影面共面，将 W 投影面绕 OZ 轴向右旋转 90 度，使 W 投影面与 V 投影面共面，如图 14-11 所示。

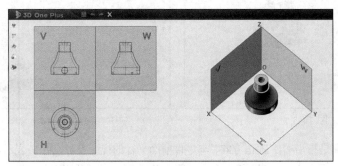

图 14-11

- 在空间形体的三面投影中，图形的位置和大小都遵循"长对正""高平齐""宽相等"的基本投影规则。3D One Plus 提供了"长对正""高平齐""宽相等"的三面投影的投影关系辅助线，只需在形体投影或点/线/面投影平铺后，单击图形，即可显示对应关系，如图 14-12 所示。
- 【收回】是指返回 3D 模型的投影体系，如图 14-13 所示。

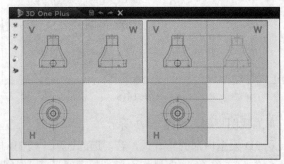 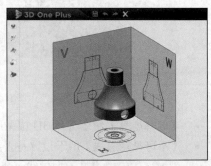

图 14-12　　　　　　　　　　　　　　　　　　图 14-13

3. 点/线/面投影

在 3D One Plus 正投影界面中，将鼠标指针移动到命令工具栏中的【点/线/面投影】命令 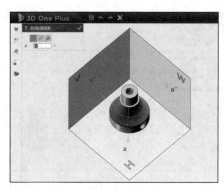上并单击以选择该命令，可以在工作台中设置 3D 模型的点/线/面投影。【点/线/面投影】命令窗口中包括【点投影】【线投影】【面投影】3 种投影方式。

（1）点投影

【点】是指模型上要创建投影的点，如图 14-14 所示。

（2）线投影

【线】是指模型上要创建投影的线，如图 14-15 所示。

图 14-14   图 14-15

（3）面投影

【面】是指模型上要创建投影的面，如图 14-16 所示。

4. 导出

在 3D One Plus 正投影界面中，将鼠标指针移动到命令工具栏中的【导出】命令 上并单击，打开【Select save file name】对话框，在其中选择合适的文件名和目标文件夹，单击【保存】按钮即可保存文件，如图 14-17 所示。

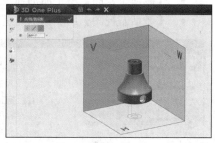

图 14-16

5. 返回零件环境

在 3D One Plus 正投影界面中，将鼠标指针移动到命令工具栏中的【返回零件环境】命令 上并单击，即可打开用户界面，如图 14-18 所示。

图 14-17

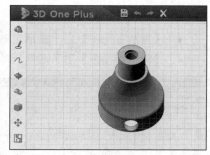

图 14-18

14.2 三视图/剖视图

在 3D One Plus 用户界面中，将鼠标指针移动到命令工具栏中的【三视图】命令 上，在其子菜单中选择【三视图/剖视图】命令 ，即可切换到三视图/剖视图界面，如图 14-19 所示。

1. 剖面视图

在 3D One Plus 三视图/剖视图界面中，将鼠标指针移动到命令工具栏中的【剖面视图】命令 上并单击，即可选择该命令。【剖面视图】命令窗口中包括【线框平面剖切面】【单一剖切面】【3 个相交的剖切面】【2 个平行的剖切面】4 种截面类型。

（1）线框平面剖切面

【线框平面剖切面】通过线框平面显示截面。

- 【激活俯视图】用于激活上基准面，如图 14-20 所示。

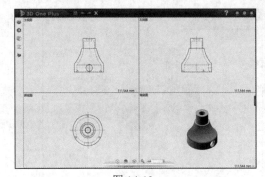

图 14-19   图 14-20

- 【激活主视图】用于激活前基准面，如图 14-21 所示。
- 【激活右视图】用于激活右基准面，如图 14-22 所示。

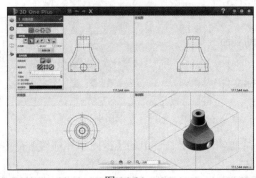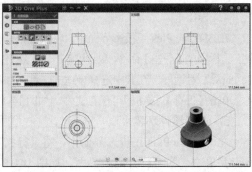

图 14-21   图 14-22

- 【激活左视图】用于激活左基准面，如图 14-23 所示。
- 【激活后视图】用于激活后基准面，如图 14-24 所示。

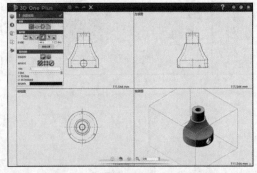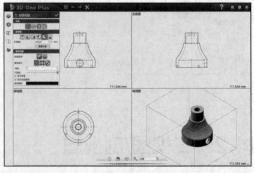

图 14-23   图 14-24

- 【激活仰视图】用于激活底基准面，如图 14-25 所示。
- 厚度用于定义切割面的厚度，如图 14-26 所示。

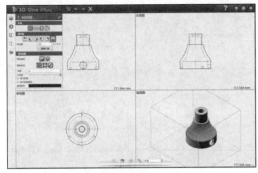

图 14-25

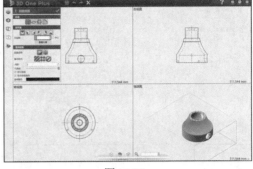

图 14-26

- 【中心】用于定义切割面的厚度为零件厚度的一半，如图 14-27 所示。
- 【重置位置】按钮用于重置所有的平面至默认的位置，如图 14-28 所示。

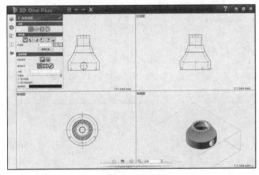

图 14-27

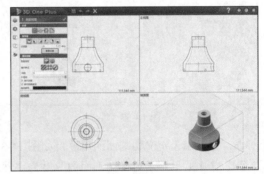

图 14-28

（2）单一剖切面

【单一剖切面】通过单个平面显示截面。

- 【激活俯视图】用于激活上基准面，如图 14-29 所示。
- 【激活主视图】用于激活前基准面，如图 14-30 所示。

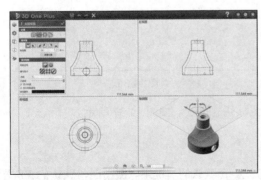

图 14-29

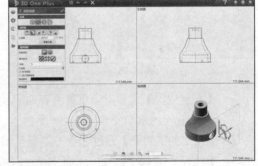

图 14-30

- 【激活右视图】用于激活右基准面，如图 14-31 所示。
- 【激活左视图】用于激活左基准面，如图 14-32 所示。
- 【激活后视图】用于激活后基准面，如图 14-33 所示。

- 【激活仰视图】用于激活底基准面，如图 14-34 所示。

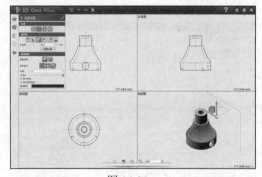

图 14-31

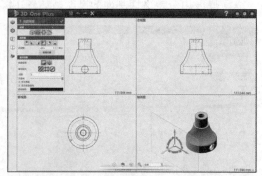

图 14-32

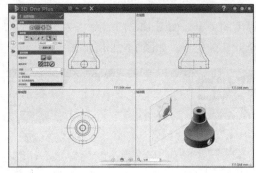

图 14-33

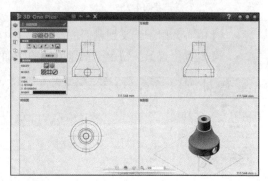

图 14-34

- 厚度用于定义切割面的厚度，如图 14-35 所示。
- 【中心】用于定义切割面的厚度为零件厚度的一半，如图 14-36 所示。

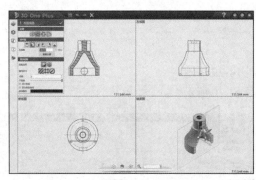

图 14-35

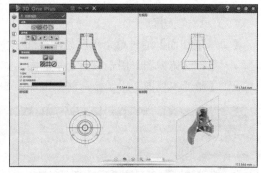

图 14-36

- 【重置位置】按钮用于重置所有的平面至默认的位置，如图 14-37 所示。

（3）3 个相交的剖切面

【3 个相交的剖切面】通过 3 个平面显示截面。

- 【对齐平面 1】用于定义截面图的对齐方式。在默认的情况下，截面图与默认的 XY 平面对齐。若勾选该选项，截面图会与选定的平面或基准面对齐；若不勾选该选项，则隐藏选定截面，如图 14-38 所示。

可通过 按钮反转剪切平面，如图 14-39 所示。

【偏移】是指与 XY 平面对齐的截面图的偏移，如图 14-40 所示。

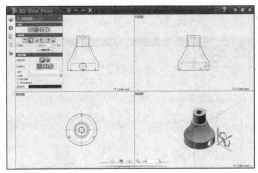

图 14-37

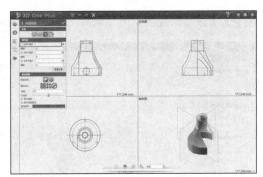

图 14-38

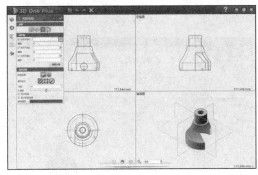

图 14-39

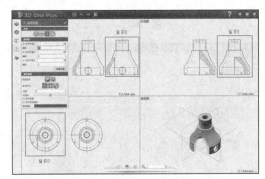

图 14-40

- 【对齐平面2】用于定义截面图的对齐方式。在默认的情况下，截面图与默认的 XZ 平面对齐。若勾选该选项，截面图会与选定的平面或基准面对齐；若不勾选该选项，则隐藏选定截面，如图 14-41 所示。

可通过 按钮反转剪切平面，如图 14-42 所示。

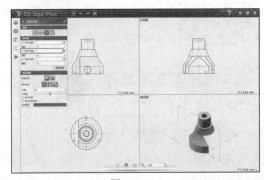

图 14-41

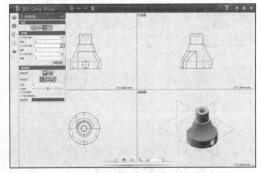

图 14-42

【偏移】是指与 XZ 平面对齐的截面图的偏移，如图 14-43 所示。

- 【对齐平面3】用于定义截面图的对齐方式。在默认的情况下，截面图与默认的 YZ 平面对齐。若勾选该选项，截面图会与选定的平面或基准面对齐；若不勾选该选项，则隐藏选定截面，如图 14-44 所示。

可通过 按钮反转剪切平面，如图 14-45 所示。

【偏移】是指与 YZ 平面对齐的截面图的偏移，如图 14-46 所示。

- 【重置位置】按钮用于重置所有的平面至默认的位置，如图 14-47 所示。

（4）2 个平行的剖切面

【2 个平行的剖切面】通过两个平行的切割面显示截面。

- 【激活俯视图】用于激活上基准面，如图 14-48 所示。

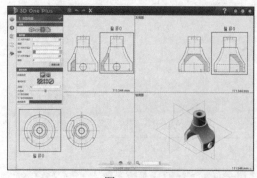

图 14-43　　　　　　　　　　　　　　　　　图 14-44

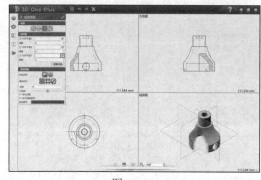

图 14-45　　　　　　　　　　　　　　　　　图 14-46

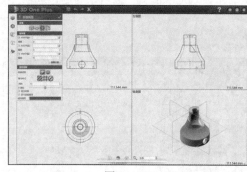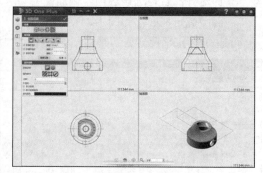

图 14-47　　　　　　　　　　　　　　　　　图 14-48

- 【激活主视图】用于激活前基准面，如图 14-49 所示。
- 【激活右视图】用于激活右基准面，如图 14-50 所示。

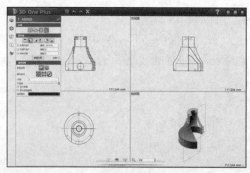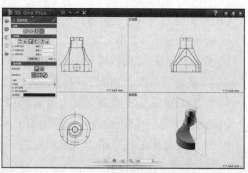

图 14-49　　　　　　　　　　　　　　　　　图 14-50

- 【激活左视图】用于激活左基准面，如图 14-51 所示。
- 【激活后视图】用于激活后基准面，如图 14-52 所示。

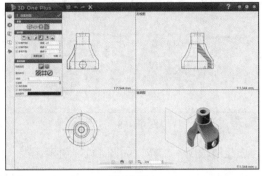
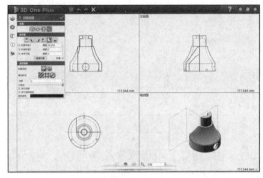

图 14-51 　　　　　　　　　　　　　　图 14-52

- 【激活仰视图】用于激活底基准面，如图 14-53 所示。
- 【阶梯平面 1】是指与当前激活视图平行的第一个截面，若不勾选该选项，则隐藏选定截面，如图 14-54 所示。

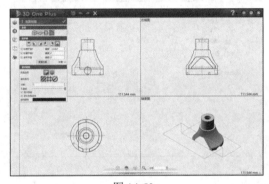
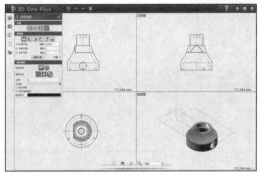

图 14-53 　　　　　　　　　　　　　　图 14-54

【偏移】是指与当前激活视图平行的截面图的偏移，如图 14-55 所示。

- 【阶梯平面 2】是指与当前激活视图平行的第二个截面，若不勾选该选项，则隐藏选定截面，如图 14-56 所示。

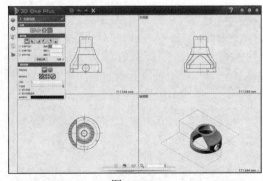
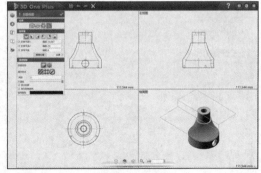

图 14-55 　　　　　　　　　　　　　　图 14-56

【偏移】是指与当前激活视图平行的截面图的偏移，如图 14-57 所示。

- 【重置位置】按钮用于重置所有的平面至默认的位置，如图 14-58 所示。

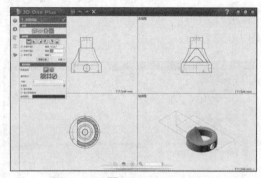

图 14-57

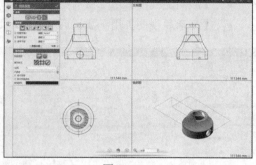

图 14-58

- 【转置】用于水平旋转剪切平面，若不勾选此选项则不旋转，如图 14-59 所示。

（5）通用设置——显示控制

- 【剖面造型】用于指定被截掉部分的显示方式，包括【不可见的截面形状】和【截面线框形状】两种显示方式。

【不可见的截面形状】是指没有可见的截面形状，如图 14-60 所示。

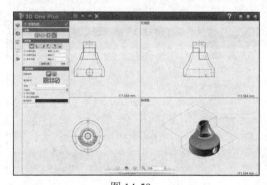

图 14-59

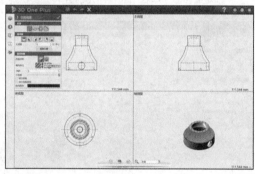

图 14-60

【截面线框形状】是指在勾选【中心】选项时显示截面线框形状，如图 14-61 所示。

- 【填充样式】用于定义覆盖物的类型，并将其显示在零件的截面图上，包括【填充覆盖】【栅格覆盖】【没有被覆盖】3 种填充样式。

使用【填充覆盖】样式的效果如图 14-62 所示。

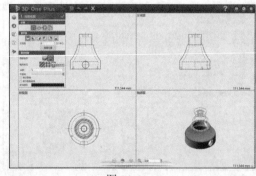

图 14-61

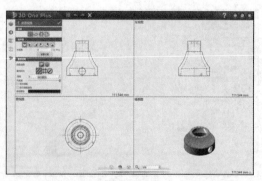

图 14-62

使用【栅格覆盖】样式的效果如图 14-63 所示。

使用【没有被覆盖】样式的效果如图 14-64 所示。

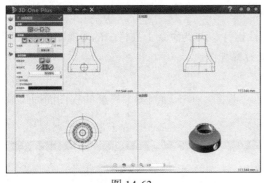

图 14-63

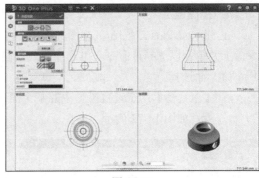

图 14-64

- 【间距】用于定义覆盖物的间距，如图 14-65 所示。
- 可利用【不透明】的滑块调整截面图的透明度，如图 14-66 所示。

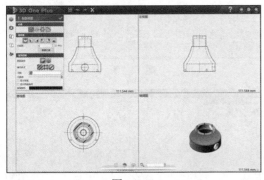

图 14-65

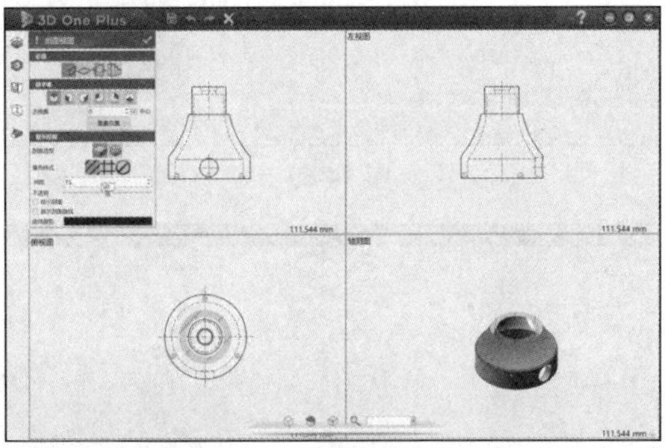

图 14-66

- 若勾选【显示剖面】选项，则显示剖面，否则会隐藏剖面，如图 14-67 所示。
- 若勾选【显示剖面曲线】选项，则显示剖面曲线，否则会隐藏剖面曲线，如图 14-68 所示。

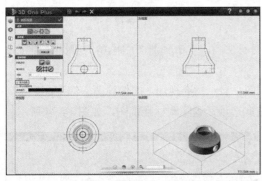

图 14-67

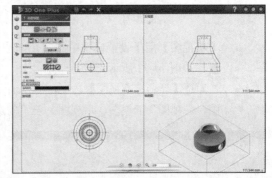

图 14-68

- 【曲线颜色】用于设置剖面曲线的颜色，如图 14-69 所示。

2. 视图恢复

在 3D One Plus 三视图/剖视图界面中，将鼠标指针移动到命令工具栏中的【视图恢复】命令 ⊙ 上并单击，即可将视图恢复到初始状态，如图 14-70 所示。

3. 断面/剖面图

在 3D One Plus 三视图/剖视图界面中，将鼠标指针移动到命令工具栏中的【断面/剖面图】命令 ⬚ 上并单击，即可查看模型的断面图和剖面图，如图 14-71 所示。

4. 视图设定

在 3D One Plus 三视图/剖视图界面中，将鼠标指针移动到命令工具栏中的【视图设定】命令 🗔 上并单击以选择该命令，可选择面或方向来设置视图。

（1）面选择

- 【主视图】用于设置模型中的某个面作为主视图，单击轴测图中模型的视图面即可设置，如图 14-72 所示。

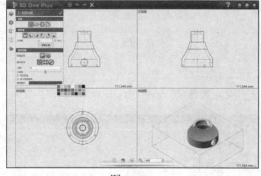

图 14-69　　　　　　　　　　　　　　　图 14-70

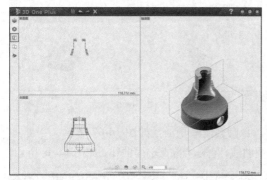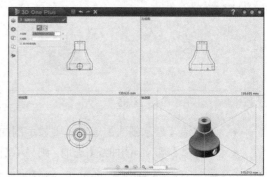

图 14-71　　　　　　　　　　　　　　　图 14-72

- 【左视图】用于设置模型中的某个面作为左视图，单击轴测图中模型的视图面即可设置，如图 14-73 所示。
- 若勾选【显示标准视图】选项，可在轴测图中显示标准视图，即俯视图、仰视图、左视图、右视图、前视图、后视图。若不勾选此选项，则隐藏标准视图，如图 14-74 所示。

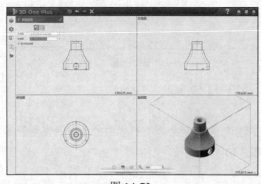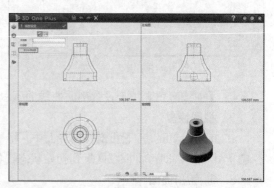

图 14-73　　　　　　　　　　　　　　　图 14-74

- 面选择的效果如图 14-75 所示。

（2）方向选择

- 【方向前】用于设置某个方向面作为主视图，在轴测图中的模型上选择方向即可设置，如图 14-76 所示。

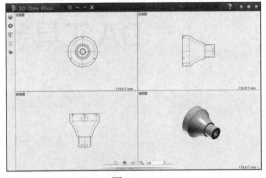
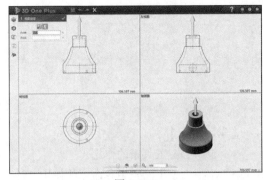

图 14-75　　　　　　　　　　　　　　　　图 14-76

- 【方向左】用于设置某个方向面作为左视图，在轴测图中的模型上选择方向即可设置，如图 14-77 所示。
- 方向选择的效果如图 14-78 所示。

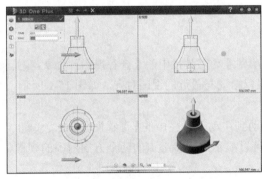
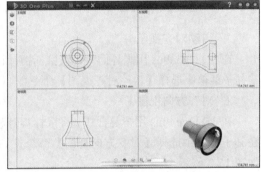

图 14-77　　　　　　　　　　　　　　　　图 14-78

5. 返回零件环境

在 3D One Plus 三视图/剖视图界面中，将鼠标指针移动到命令工具栏中的【返回零件环境】命令　上并单击，即可打开用户界面，如图 14-79 所示。

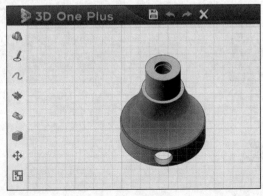

图 14-79

第 15 章

DA 工具条

【学习目标】

- 了解 DA 工具条的作用。
- 掌握 DA 工具条中各命令的使用方法。
- 能够利用 DA 工具条中的各命令辅助完成模型的创意设计。

DA 工具条又称浮动工具栏，主要提供了 7 种便捷功能，以方便用户建模。

15.1 查看视图

1. 自动对齐视图

在 3D One Plus 用户界面中，将鼠标指针移动到浮动工具栏中的【查看视图】命令 👁 上，在其子菜单中选择【自动对齐视图】命令 ⌐，可以自动与最近的视图对齐，如图 15-1 所示。

2. 对齐方向视图

在 3D One Plus 用户界面中，将鼠标指针移动到浮动工具栏中的【查看视图】命令 👁 上，在其子菜单中选择【对齐方向视图】命令 ⬆，可以显示表示参考点的两个方向对齐的视图，如图 15-2 所示。

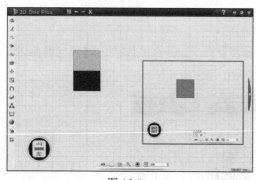
图 15-1

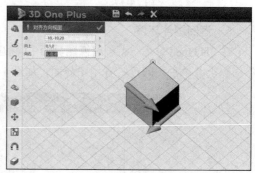
图 15-2

15.2 渲染模式

1. 消隐

在 3D One Plus 用户界面中，将鼠标指针移动到浮动工具栏中的【渲染模式】命令 ⬡ 上，在其子菜单中选择【消隐】命令 ⬡，可去除模型的着色，只显示边，如图 15-3 所示。

2. 着色模式

在 3D One Plus 用户界面中，将鼠标指针移动到浮动工具栏中的【渲染模式】命令 ⬡ 上，在其子菜单中选择【着色模式】命令 ⬡，可删除隐藏线，同时对可见的表面进行着色，如图 15-4 所示。

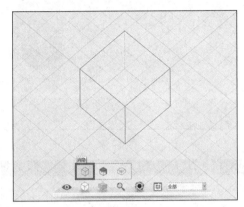

图 15-3　　　　　　　　　　　　　　　　　　图 15-4

3. 在着色模式下显示边

在 3D One Plus 用户界面中，将鼠标指针移动到浮动工具栏中的【渲染模式】命令 ⬡ 上，在其子菜单中选择【在着色模式下显示边】命令 ⬡，可显示或隐藏边框线，如图 15-5 所示。

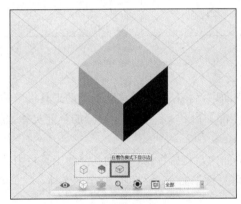

图 15-5

15.3　显示/隐藏

1. 隐藏几何体

在 3D One Plus 用户界面中，将鼠标指针移动到浮动工具栏中的【显示/隐藏】命令 ⬡ 上，在其子菜单中选择【隐藏几何体】命令 ⬡，可隐藏几何体。

- 【实体】是指要隐藏的几何体，如图 15-6 所示。

隐藏几何体的效果如图 15-7 所示。

2. 显示几何体

在 3D One Plus 用户界面中，将鼠标指针移动到浮动工具栏中的【显示/隐藏】命令 ⬡ 上，在其子菜单中选择【显示几何体】命令 ⬡，可显示隐藏的几何体。

- 【实体】是指要显示的隐藏几何体，如图 15-8 所示。

显示几何体的效果如图 15-9 所示。

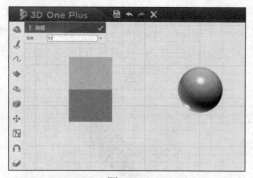
图 15-6

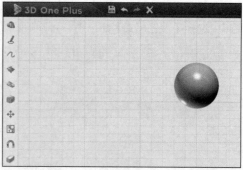
图 15-7

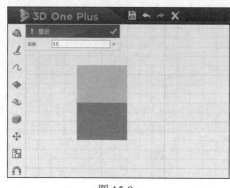
图 15-8

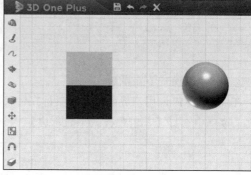
图 15-9

3. 显示全部

在 3D One Plus 用户界面中，将鼠标指针移动到浮动工具栏中的【显示/隐藏】命令 上，在其子菜单中选择【显示全部】命令 ，可显示隐藏的全部实体。

4. 转换可见性

在 3D One Plus 用户界面中，将鼠标指针移动到浮动工具栏中的【显示/隐藏】命令 上，在其子菜单中选择【转换可见性】命令 ，可隐藏全部实体。

5. 锁定实体

在 3D One Plus 用户界面中，将鼠标指针移动到浮动工具栏中的【显示/隐藏】命令 上，在其子菜单中选择【锁定实体】命令 ，可将实体锁定，锁定后的实体无法进行该设置。

- 【实体】是指要锁定的实体，如图 15-10 所示。

锁定实体的效果如图 15-11 所示。

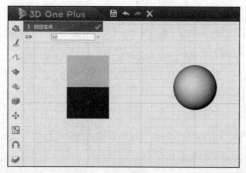
图 15-10

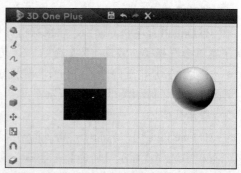
图 15-11

6. 解锁实体

在 3D One Plus 用户界面中，将鼠标指针移动到浮动工具栏中的【显示/隐藏】命令 上，在其子菜单中选择【解锁实体】命令 ，可将实体解锁，未锁定的实体无法进行设置。

- 【实体】是指要解锁的实体，如图 15-12 所示。

解锁实体的效果如图 15-13 所示。

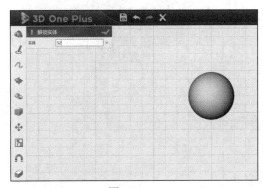 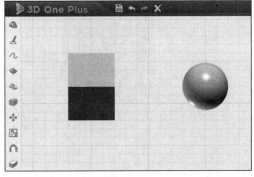

图 15-12   图 15-13

7. 隐藏网格

在 3D One Plus 用户界面中，将鼠标指针移动到浮动工具栏中的【显示/隐藏】命令 上，在其子菜单中选择【隐藏网格】命令 ⊞ ，可显示或隐藏工作台的平面网格，如图 15-14 所示。

8. 隐藏文字提示

在 3D One Plus 用户界面中，将鼠标指针移动到浮动工具栏中的【显示/隐藏】命令 上，在其子菜单中选择【隐藏文字提示】命令 T ，可隐藏文字提示。

9. 切换阴影显示状态

在 3D One Plus 用户界面中，将鼠标指针移动到浮动工具栏中的【显示/隐藏】命令 上，在其子菜单中选择【切换阴影显示状态】命令 T ，可显示或隐藏阴影，如图 15-15 所示。

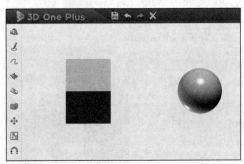 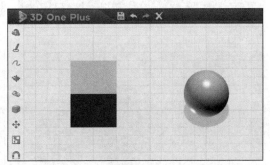

图 15-14   图 15-15

15.4 整体缩放

在 3D One Plus 用户界面中，将鼠标指针移动到浮动工具栏中的【整体缩放】命令 上并单击以选择该命令，可放大当前视图，如图 15-16 所示。

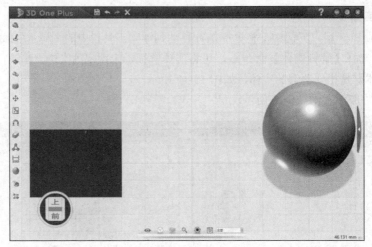

图 15-16

15.5　KeyShot

在 3D One Plus 用户界面中，将鼠标指针移动到浮动工具栏中的【KeyShot】命令 ⚙ 上并单击以选择该命令，可打开 KeyShot 渲染界面来渲染 3D 模型。

15.6　3D 打印

在 3D One Plus 用户界面中，将鼠标指针移动到浮动工具栏中的【3D 打印】命令 ⚙ 上并单击以选择该命令，可通过特定的三维打印机，将当前激活文件中的零件打印出来。

- 【所有对象】是指打印当前激活文件中的所有零件，如图 15-17 所示。
- 【从屏幕选择】是指打印当前激活文件中特定的零件，如图 15-18 所示。

图 15-17

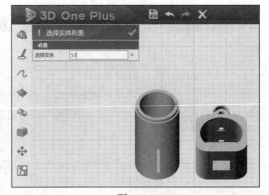

图 15-18

- 【3D 打印机厂商】用于指定一个 3D 打印机品牌，如图 15-19 所示。

可以从【3D 打印机厂商】下拉列表中选择安装相关软件，如图 15-20 所示。

也可自定义安装不在【3D 打印机厂商】下拉列表中的 3D 打印机品牌的相关软件，如图 15-21 所示。

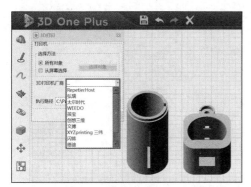

图 15-19

图 15-20

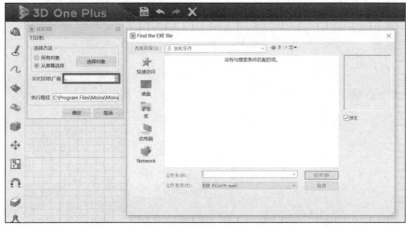

图 15-21